ZUR STEREOCHEMIE
DES
FÜNFWERTIGEN STICKSTOFFES.

MIT BESONDERER BERÜCKSICHTIGUNG
DES ASYMMETRISCHEN STICKSTOFFES
IN DER AROMATISCHEN REIHE.

VON

DR. EDGAR WEDEKIND,
PRIVATDOZENTEN AN DER UNIVERSITÄT TÜBINGEN

MIT FIGUREN IM TEXT.

LEIPZIG,
VERLAG VON VEIT & COMP.
1899

Druck von Metzger & Wittig in Leipzig.

C. A. BISCHOFF UND J. A. LE BEL

ZUGEEIGNET

Inhalt.

Vorläufige Mitteilungen

„Über das fünfwertige asymmetrische Stickstoffatom“

siehe E. Wedekind, Berichte d. deutsch. chem. Ges. **32**, 511–516. 517–529. 722–728. 1409–1411.

I. Allgemeiner Teil.

Einleitung.

„Die Ausdehnung der VAN'T HOFFschen Theorie als vollkommen berechtigte Erweiterung unserer chemischen Anschauungen auf den fünfwertigen Stickstoff halte ich für notwendig.“
(J. WISLICENUS, 1877. Naturforscher-Versammlung zu München.)

Mit diesen Worten wies WISLICENUS im Anschluß an einen Vortrag LOSSENS über die Metamerie der substituierten Hydroxylamine darauf hin, daß das experimentelle Material der organischen Chemie immer mehr dazu dränge, die chemische Betrachtung bis auf die räumliche Lagerung der Atome in der Molekel auszudehnen. Damals waren kaum zwei Jahre vergangen seit der Veröffentlichung der Broschüre VAN'T HOFFS „la chimie dans l'Espace“, deren deutsche Bearbeitung von F. HERMANN eben erschienen war.

Die stereochemische Behandlungsweise war damals noch wenig eingebürgert und das Interesse für dieselbe konzentrierte sich im wesentlichen auf den asymmetrischen Kohlenstoff und auf den Zusammenhang desselben mit dem Phänomen der optischen Aktivität. Dennoch machte sich schon damals das Verlangen geltend, die neuen Theorien auf die mannichfaltigen Verbindungen des fünfwertigen Stickstoffs zu übertragen.

Überblickt man das seitdem auf dem Gebiete der Stereochemie Geleistete, so steht die Theorie des asymmetrischen Kohlenstoffs durch eine Fülle von Thatsachen gefestigt da, während die sterischen Verhältnisse des fünfwertigen Stickstoffatoms, speziell des asymmetrischen, von den Forschern ziemlich stiefmütterlich behandelt sind.

Die bisherigen theoretischen und experimentellen Ergebnisse in der Stereochemie des pentavalenten Stickstoffatoms lassen sich in folgender historischer Übersicht zusammenfassen.

Die erste asymmetrische Stickstoffverbindung der aromatischen Reihe ist von A. W. Hofmann[1] (1851) dargestellt worden, und zwar das Methyläthylamylphenylammoniumchlorid[2] in Gestalt seines amorphen Chloroplatinats.

Über die räumliche Konfiguration des den Ammoniumsalzen zu Grunde liegenden Ammoniaks äußert sich Oskar Emil Meyer in seinem Werke „Die kinetische Theorie der Gase" dahin, daß in der Molekel NH_3 eine ebene Anordnung wahrscheinlich erscheine, und zwar in der Weise, daß die drei Wasserstoffatome in den Ecken eines gleichseitigen Dreiecks liegen mögen, und daß um dieses sich jene drei wie Trabanten in derselben Ebene drehen.

Über die Konstitution der Ammoniumverbindungen und des Salmiaks veröffentlichten Victor Meyer und Lecco[3] im Jahre 1876 eine Abhandlung, welche die Identität der aus Trimethylamin und Jodäthyl einerseits, und aus Dimethyläthylamin und Jodmethyl andererseits entstehenden Verbindungen bewies; dieselben leiteten sich also von einem fünf gleichwertige Valenzen äußernden Stickstoffatom ab, woraus sich die Fünfwertigkeit des Stickstoffs in den Ammoniumverbindungen als notwendige Konsequenz ergiebt. Trotzdem hielt W. Lossen[4] die Identität der genannten Körper nicht für genügend bewiesen und Ladenburg und Struwe[5] glaubten sogar in dem verschiedenen Verhalten des Benzyltriäthylammoniumjodids und des Triäthylbenzylammo-

---

[1] Ann. d. Chem. **79**, 14.

[2] Hofmann nennt die zu Grunde liegende Substanz die Base mit dem „langen Namen: sie enthält nicht weniger als vier verschiedene Alkoholradikale".

[3] Ann. d. Chem. **180**, 170—191; frühere Abhandlungen: Berichte d. deutsch. chem. Ges. **7**, 1747; **8**, 233 u. 936.

[4] Berichte d. deutsch. chem. Ges. **8**, 49.

[5] a. a. O. **10**, 43; vgl. Compt. rend. **110**, 147.

niumjodids gegen Jodwasserstoffsäure Anhaltspunkte für Isomerie gefunden zu haben; es gelang jedoch VICTOR MEYER[1] experimentell nachzuweisen, daß die Beobachtungen von LADENBURG und STRUWE unzutreffend waren, worauf eine längere Kontroverse zwischen LADENBURG und VICTOR MEYER über die Frage nach der Valenz des Stickstoffs entstand.

In den im Jahre 1881 erschienenen „Ansichten über die organische Chemie" stellte VAN'T HOFF ein Modell für den fünfwertigen Stickstoff auf, den er sich im Centrum eines Würfels vorstellt; die fünf gebundenen Gruppen befinden sich in fünf Eckpunkten, wodurch die Möglichkeit einer Isomerie des Typus $(R_1)_3R_2NCl$ erklärt werden soll.

WUNDERLICH[2] beschäftigte sich im Nachtrag seiner Broschüre über die „Konfiguration organischer Moleküle" ebenfalls mit dem Problem des Stickstoffs. Nimmt man für den dreiwertigen Stickstoff das räumliche Bild n / n---n an, so läßt sich die Existenz nur eines Körpers N(a, b, c) voraussehen. Sprengung des „Ringes" n / n---n führt zum fünfwertigen Stickstoff und umgekehrt:

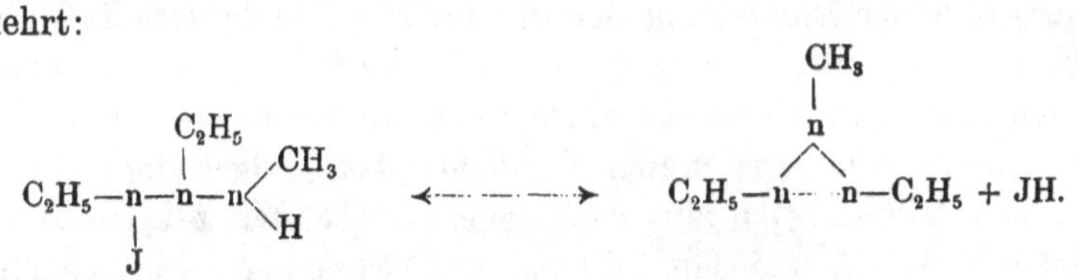

In demselben Jahre erschien eine Experimentaluntersuchung von A. CLAUS[3] und H. HIRZEL, welche auf einer älteren Mitteilung von CLAUS[4] und HOWITZ fußte, die gezeigt hatten, daß bei der Einwirkung von Kalilauge auf die gleichzeitig Methyl und Äthyl

---

[1] Berichte d. deutsch. chem. Ges. **10**, 309—315.
[2] Würzburg 1886.
[3] Berichte d. deutsch. chem. Ges. **19**, 2785—2791.
[4] a. a. O. **17**, 1324.

enthaltenden quaternären Ammoniumderivate des Anilins immer der Äthylrest abgespalten wird. Hieraus wurde des weiteren der Schluß gezogen, daß in homologen Ammoniumsalzen stets die Kohlenstoff-reichsten Alkylreste bei genannter Reaktion ausgeschieden würden. Diese Annahme bestätigte sich beim Propyläthylmethylaniliniumjodid: durch die Darstellung dieses Körpers auf verschiedenen Wegen glaubten die Autoren gleichzeitig den Beweis erbracht zu haben, daß es gleichgültig ist, in welcher Reihenfolge die Einführung der drei Alkylreste an den Stickstoff des Anilins erfolgt, denn das Additionsprodukt von Jodmethyl zu Äthylpropylanilin sei identisch mit demjenigen von Jodäthyl zu Methylpropylanilin und mit beiden endlich sei auch das Produkt von Jodpropyl zu Methyläthylanilin identisch.

Gegen die in letzter Linie angegebenen Deduktionen müssen vom experimentellen und theoretischen Standpunkte folgende Einwände erhoben werden: erstens waren die angeführten Reaktionsprodukte in jedem Falle nichtkrystallisierbare Sirupe, wodurch von vorneherein die Möglichkeit genommen war, die feinen Unterschiede von event. Stereoisomeren, welche im wesentlichen auf physikalischen Eigenschaften (Krystallsystem, Schmelzpunkt, spez. Gewicht, Löslichkeit u. s. w.) beruhen, zu studieren. Zweitens wurde bei der Darstellung der quaternären Jodide zum Teil eine höhere Temperatur verwandt, so daß eine Umlagerung eventuell schon gebildeter isomerer Salze nicht ausgeschlossen erscheint. Schließlich kann aus diesen Versuchen kein allgemeiner Schluß gezogen werden, da mit wachsender Größe der Alkylreste die innere Stabilität und damit die Existenzbedingungen von Isomeren zunehmen.

A. Naumann[1] sagt in seinen „Stereochemisch-mechanischen Betrachtungen über ein- und mehrfache Bindung der Atome und deren Übergänge in einander“: „das dreiwertige Stickstoffatom, wie alle dreiwertigen, wäre dann eine stumpfe Pyramide, deren Grundfläche ein gleichseitiges, mit einer Kohlenstofftetraëderfläche kongruentes Dreieck wäre und

---

[1] 1890. Berichte d. deutsch. chem. Ges. **23**, 477.

deren Höhe gleich ist der Entfernung des Mittelpunktes oder des Schwerpunktes des Kohlenstofftetraëders von einer Seitenfläche;" der Übergang zum pentavalenten Atom wird nicht erläutert.

Seitdem durch die Abhandlung von A. Hantzsch[1] und A. Werner „Über räumliche Anordnung der Atome in stickstoffhaltigen Molekülen" das Interesse für die Stereochemie dieses Elementes ein allgemeineres geworden war, mehren sich auch die theoretischen Spekulationen.

C. Willgerodt[2] nahm schon früher von ihm angestellte Überlegungen[3] wieder auf, um die räumlichen Konfigurationen der Alkylcarbylamine, der Blausäure, der Imidverbindungen, des Hydroxylamins und der Oxime, der Salpeter- und der salpetrigen Säure, der Nitro- und Nitrosogruppe und endlich der zweiatomigen Stickstoffmolekel zu bestimmen. Die Grundlage dieser Betrachtungen bildet die Annahme, daß das Stickstoffatom inmitten eines Doppeltetraëders ruht, und daß seine in den Verbindungen stets zur Geltung kommenden drei Hauptaffinitäten nach den Ecken des gleichseitigen Dreiecks gerichtet sind, in dem die beiden Tetraëder zusammenstoßen, während die beiden Nebenaffinitäten nach den beiden übrig bleibenden Ecken hin funktionieren; z. B. wird der Salmiak durch nebenstehende Doppelpyramide (Fig. 1) ausgedrückt.

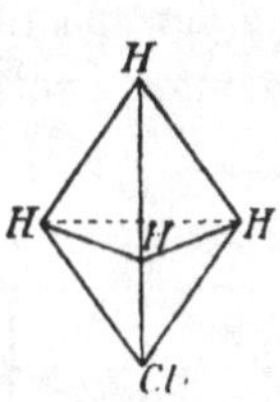

Fig. 1.

Es wird darauf hingewiesen, daß größere und kleinere Entfernungen der Atome in den Molekeln für die Konfiguration der Stickstoffverbindungen eine große Rolle spielen. Inwieweit diese Anschauungen, die bisher nicht auf das Experimentalgebiet übertragen wurden, für den jetzigen Stand der Wissenschaft verwertet werden können, soll im letzten Abschnitt dieser Abhandlung erörtert werden.

Übrigens kamen G. J. Busch und J. E. March[4] unabhängig

[1] Berichte d. deutsch. chem. Ges. **23**, 11.
[2] Journ. f. pr. Chem. **41**, 291.
[3] a. a. O. 37, 450.
[4] Journ. of the chem. society **53**, 656.

von WILLGERODT zu derselben Ansicht über die räumliche Lage der Stickstoffverbindungen: der Stickstoff ist fünfwertig und bei Verbindungen, in denen er dreiwertig auftritt, haben wir es mit dissoziierten Molekeln zu thun, in welchen die zwei Bindungen zu schwach sind, um bei der Beobachtungstemperatur zwei Molekeln zu befähigen, aneinander zu haften.

Kurz darauf kam R. BEHREND[1] zu der Ansicht, daß die Lage der mit dem Stickstoffatom verbundenen Radikale wesentlich mit bedingt sei durch die Anziehung und Abstoßung, welche die letzteren auf einander ausüben. „Durch die Mittelpunkte der drei Atomgruppen, welche im Ammoniak und dessen Substituten mit dem Stickstoff verbunden sind, kann man sich stets eine Ebene gelegt denken. Die Lage der Punkte, in denen sich die beiden anderen Radikale (positives und negatives) anlagern, ist zu der erwähnten Ebene von vorneherein fixiert. Das Ammoniak hat also einen positiven und einen negativen Pol. Ersetzt man im Ammoniak zwei Wasserstoffatome durch zwei verschiedene Radi-

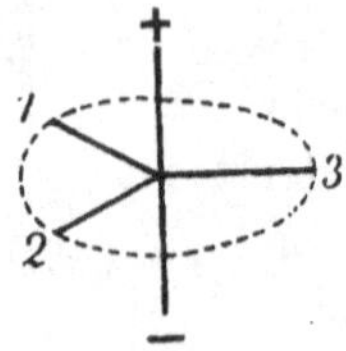

Fig. 2.

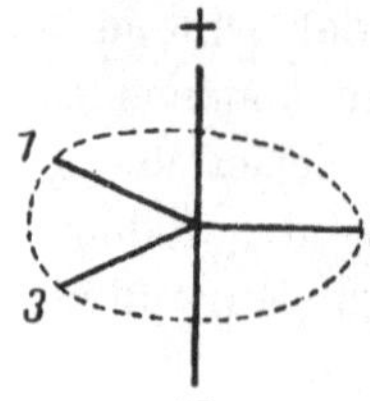

Fig. 3.

kale (1—3), so sind diese zwei Konfigurationen (Fig. 2 und 3) möglich.

Diese werden sich physikalisch vermutlich wenig oder gar nicht unterscheiden, aber die Salze werden sich zu einander verhalten, wie die beiden aktiven Weinsäuren!

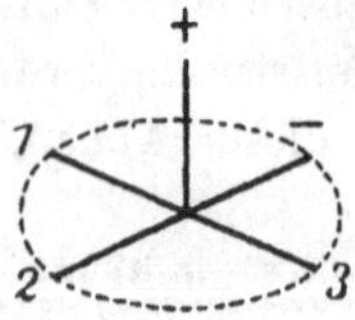

Fig. 4.

Ferner ist ein weiterer in beiden Fällen identischer Gleichgewichtszustand denkbar, welcher durch die nebenstehende Fig. 4 illustriert wird.

[1] Berichte d. deutsch. chem. Ges. **23**, 454. Vgl. die analogen Spekulationen PICKERINGS (Journ. of the chem. soc. **63**, 1069).

Die Ebene braucht hier nicht dieselbe zu sein, wie in der Fig. 2 und 3, ebenso wenig, wie der Schnittpunkt der Linien den Mittelpunkt des Stickstoffatoms andeuten soll.“

Die „Ergebnisse und Ziele der stereochemischen Forschung“ faßte VICTOR MEYER in einem vor der deutschen chemischen Gesellschaft gehaltenen Vortrage (28. I. 1890) zusammen; der Stickstoff kam nur in Hinsicht auf die Konstitution der salpetrigen Säure und die Theorie von HANTZSCH und WERNER zur Besprechung.

Inzwischen stellte C. A. BISCHOFF[1] die Hypothese auf, daß das Piperazin[2] ebenso wie das Hexamethylen in zwei Formen erwartet werden könne, wenn man annimmt, daß die den einzelnen Atomen eigenen Valenzwinkel in den Ringgebilden ohne Spannung vorhanden sind; zugleich wurde das Chlorammonium als einfachster Vertreter des fünfwertigen Stickstoffs durch nebenstehende Fig. 5[3] versinnbildlicht.

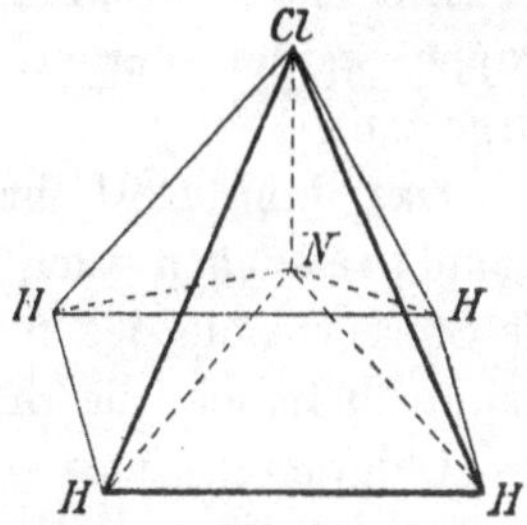

Fig. 5.

Diese vierseitige Pyramide veranschaulichte in plausibler Weise, daß eine Valenz, nämlich diejenige des Halogens, im pentavalenten Stickstoff eine besondere Richtung beansprucht; der Übergang zum dreiwertigen Stickstoff kann ebenfalls in zwangloser Weise erklärt werden. Bezüglich der Anwendung dieses Modells zur Erklärung experimenteller Ergebnisse muß auf den letzten Abschnitt dieser Untersuchungen verwiesen werden.

Auf der 63. Versammlung deutscher Naturforscher und Ärzte hielt C. WILLGERODT einen Vortrag: „Stereochemische Betrachtungen über Elemente der Stickstoffgruppe“, in welchem zunächst die Ergründung der richtigen Raumformel wegen der Plurivalenz der betreffenden Elemente als schwierig bezeichnet wurde. Die denkbar möglichen Konfigurationen fünf-

[1] Berichte d. deutsch. chem. Ges. **23**, 1972.

[2] Diese Auffassung kann natürlich sinngemäß auf das Piperidin übertragen werden.

[3] Berichte d. deutsch. chem. Ges. **23**, 1970.

wertiger Atome werden dann auf folgende Grundverhältnisse zurückgeführt:

Bei den fünfwertigen Atomen A^V können die Valenzen liegen:

a) 5 in einer Ebene
b) 4 „ „ „
c) 3 „ „ „
d) 2 „ „ „

Aus dieser Betrachtung entwickeln sich verschiedene stereochemische Figuren: unter anderem aus c) das schon früher von Willgerodt vorgeschlagene Doppeltetraëder.

Die bisher bekannt gewordenen Verbindungen der Stickstoffgruppe werden darnach klassifiziert und zum Teil symbolisch dargestellt.

Das Jahr 1891 brachte endlich neben theoretischen Auseinandersetzungen auch neue experimentelle Thatsachen über die Stereochemie des fünfwertigen Stickstoffs ans Licht: Le Bel[1] glaubte nämlich die Aktivität von unsymmetrischen Derivaten des Chlorammoniums endeckt zu haben, wodurch der erste Analogiebeweis zwischen asymmetrischem Kohlenstoff und Stickstoff in die Wege geleitet war: es handelte sich um die Aktivierung des Isobutylpropyläthylmethylammoniumchlorids mit Hilfe von Pilzkulturen. Leider war die experimentelle Begründung und Beschreibung eine sehr dürftige, und bis in die neueste Zeit ist kein neuer Fall bekannt geworden, in dem es gelungen wäre, mit Sicherheit ein optisch aktives Ammoniumderivat nachzuweisen. Im Gegenteil, es regten sich Zweifel über die Zulänglichkeit der erwähnten Versuche, wie unter anderem aus einer Äußerung van't Hoffs[2] hervorgeht: „Vollständigkeitshalber sei in Bezug auf Stickstoff- und Kohlenstoffderivate noch erwähnt, daß Le Bel die Verbindung $N(CH_3)(C_2H_5)(C_3H_7)(C_4H_9)Cl$ optisch aktiv erhalten haben will, daß jedoch die Drehung sich verlor und seitdem die betreffende Form nicht mehr erhalten werden konnte“.

[1] Compt. rend. **112, 724.**

[2] Vortrag, gehalten im naturwissenschaftlichen Ferienkurs zu Berlin (Zeitschr. f. d. physik. u. chem. Unterricht XI, Heft I, S. 28).

Vor kurzem konnten sogar W. MARCKWALD[1] und A. v. DROSTE-HUELSHOFF, die die Versuche LE BEL's unter Reindarstellung der Zwischenprodukte wiederholten, feststellen, daß an eine Aktivierung des reinen asymmetrischen Chlorids mit Hilfe von Pilzen nicht zu denken ist; auch Spaltungsversuche mittels optisch aktiver Säuren waren bisher ergebnislos.[2]

So lange also nicht neue Thatsachen entdeckt werden, die zu Gunsten der Aktivierung von unsymmetrischen Stickstoffderivaten sprechen, müssen die früher ausgesprochenen weitgehenden Konsequenzen über die Analogie[3] zwischen asymmetrischem Stickstoff und Kohlenstoff außer Acht gelassen werden.

Bei quaternären Ammoniumsalzen, in denen zwei Radikale gleich sind, konnte auch LE BEL[4] niemals mit Sicherheit Aktivität nachweisen.

Von größerer Wichtigkeit waren die Versuche, welche Anhaltspunkte für das Vorhandensein von inaktiven Isomeren gegeben haben; LE BEL fand eine Reihe von kubisch krystallisierenden Chloroplatinaten der Chloride NRR'_3Cl und suchte die Grenze zu ermitteln, bei welcher die Salze die kubische Form verlieren: so wurde das Trimethylisobutylammoniumchloroplatinat in zwei Formen aufgefunden, und zwar in stark doppelbrechenden Nadeln, die sich später in Oktaëder umwandelten, welche ihrerseits unter bestimmten Bedingungen in das nadelförmige Salz übergehen können. Es sollen nicht nur zwei Chloroplatinate, sondern auch zwei Chloride[5] existieren, und zwar entspricht das beständige Chlorid dem unbeständigen Platinsalz!

[1] Berichte d. deutsch. Ges. **32**, 560—564.

[2] Zu analogen Resultaten bin ich gleichzeitig bei meinen im speziellen Teile zu schildernden Versuchen gelangt.

[3] Vgl. LE BEL, Revue scientifique **48**, 609: „bei Stickstoffverbindungen gelingt der Nachweis des Drehvermögens und zuweilen der Isomerie nur, wenn die Molekel des mit vier kohlenstoffhaltigen Radikalen gebundenen Stickstoffs eine genügende Stabilität erlangt hat“ . . . „Der asymmetrische Kohlenstoff und der asymmetrische Stickstoff entspricht der optischen Aktivität.“ Vgl. Naturwissenschaftl. Rundschau VII, **32**, 46.

[4] Compt. rend. **112**, 726.

[5] a. a. O. **110**, 145. Über Dimorphie des Dimethylaminchloroplatinats vgl. LE BEL, a. a. O. **116**, 513.

Das Studium der Platindoppelsalze der aus Benzyldiäthylamin und Jodäthyl einerseits, aus Triäthylamin und Benzylchlorid andererseits erhaltenen Produkte ergab keine Isomeren.[1]

Ähnliche Probleme beschäftigten SCHRYVER und COLLIE,[2] welche das Chloroplatinat des Diäthylmethylisoamylammoniumchlorids auf drei verschiedenen Wegen herstellten, und zwar indem

1) Jodmethyl an Diäthylisoamylamin,
2) Isoamyljodid an Diäthylmethylamin,
3) Äthyljodid an Äthylmethylisamylamin

addiert wurde. Sie fanden, daß bei der Darstellung in der Wärme identische rhombische Krystalle entstehen, während beim Verdampfen der Lösungen im Vakuum, welche nach den ersten beiden Methoden erhalten werden, sich monokline außerordentlich labile Nadeln bilden; nach der dritten Methode wurden überhaupt nur rhombische Krystalle erhalten. Diese Resultate führen zu dem Schlusse, „daß die Verschiedenheit in der Krystallform hervorgerufen sei durch verschiedene Lagerungen der Radikale Äthyl, Methyl, Amyl und Chlor um das Stickstoffatom, und daß daher die Existenz von Stereoisomeren in dem Falle der quaternären Ammoniumverbindungen möglich ist“.

Daß in den Salzen tertiärer unsymmetrischer Amine gewisse Radikale sich unter einander vertauschen, folgerte LE BEL[3] aus der Thatsache, daß das Chlorhydrat des Methyläthylpropylamins durch Pilzvegetationen nicht aktiviert werden konnte.

A. HANTZSCH[4] schloß aus der Verschiedenheit der Chlorhydrate von methoxylierten Benzophenonoximen auf die Existenz stereoisomerer Ammoniumverbindungen von der Formel $N\begin{matrix}R''\\OH\\H\\Cl\end{matrix}$ und bringt diese Thatsache in Zusammenhang mit den Beob-

[1] LE BEL, Bull. soc. chim. (3) IV, 104, ein Gegenbeweis gegen die LADENBURGsche Anschauung, vgl. S. 2.

[2] Chem. News **63**, 174.

[3] Compt. rend. **112**, 724.

[4] Berichte d. deutsch. chem. Ges. **24**, 60.

achtungen LE BEL's über die Verschiedenheit gewisser strukturidentischer Ammoniumsalze.

A. H. FRIEDBURG[1] betrachtete die chemische Kraft als abhängig von dem Atomgewicht, der Valenz und der Richtung der Kraft zwischen den Atomen. „Das H-Atom ist vierzehnmal leichter als das N-Atom, es wird daher nicht im stande sein, die Valenzen des N von ihrer ursprünglichen Richtung abzulenken. Die drei H-Atome im NH_3 sind daher symmetrisch zu dem N-Atom angeordnet."

LEHMANN hat in seiner „Molekularphysik" eine ganze Reihe von Ammoniumsalzen beschrieben, die auf das Vorhandensein von zwei Modifikationen bezw. auf Dimorphie schließen lassen: z. B. das Äthylaminchlorhydrat (I, 177), das Tetramethylammoiumchlorid (tetragonal und mono- oder triklin, I, 539), das Chrysoïdinchlorhydrat (I, 663), das Jodchinolinmethylchlorid $J.C_9H_6N{<}^{Cl}_{CH_3}$ (rhombisch-labil und triklin-stabil, I, 599) u. a.

Analoge Fälle sind von ARZRUNI angegeben, z. B. zwei monokline Modifikationen des Diäthylammoniumquecksilberchlorids[2] und des α-Metaxylidinchlorhydrats,[3] eine monokline und rhombische Modifikation des Tropidinplatinchlorids,[4] sowie zwei enantiotrope Modificationen des Tropidingoldchlorids,[4] α) stabile reguläre Würfel; β) labile, doppelbrechende, nadelförmige Krystalle u. a.

W. VAUBEL[5] versuchte, die Eigenschaften des Stickstoffs durch Annahme einer bestimmten Form, bezw. einer bestimmten Anordnung der Bindungsrichtungen auszudrücken. Die zu eruierende Form des Stickstoffatoms soll dann folgenden Forderungen genügen: 1) dem Ersatz von einem Kohlenstoffatom in der Benzolkonfiguration und der gleichzeitigen derartigen Anlagerung, daß keine freie Verwandtschaft mehr übrig bleibt; 2) dem Ersatz von zwei Kohlenstoffatomen im Pyrrolring unter

[1] Journ. of the American. Chem. soc. **12**, 292.

[2] GRAHAM-OTTOS Lehrbuch d. Chemie, III. Abt., 49.

[3] Zeitschr. Kr. III, 216.

[4] Vgl. EINHORN, Berichte d. deutsch. chem. Ges. **23**, 1341. 1342.

[5] „Das Stickstoffatom", Giessen, E. OTTMANN. Vgl. Chem. Centralbl. 1892, I, 267.

Freibleiben von einer Bindungseinheit; 3) der **Fünfwertigkeit** des Stickstoffs. Es ergiebt sich hieraus, daß an der Form Winkel von 60^{0} auftreten müssen, ferner Seiten, teils von der Größe jener des Kohlenstofftetraëders, teils von der Größe $AD = 1{,}732$ (Seite des Kohlenstoffatoms $= 1$). Die hierfür konstruierte Form (Fig. 6) erscheint in der Zeichnung folgendermaßen (I) im Vergleich mit dem Kohlenstofftetraëder (II):

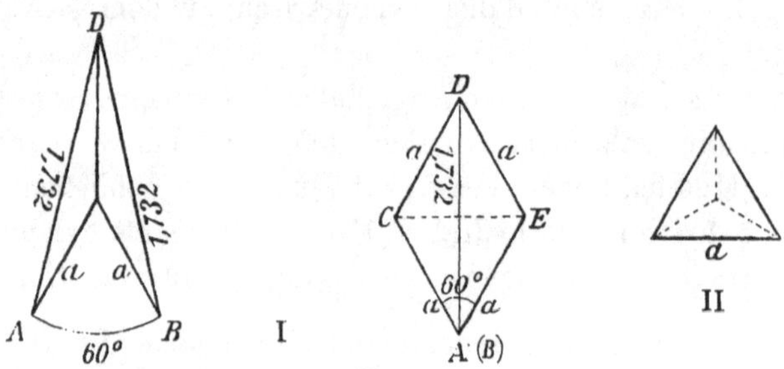

Fig. 6.

Im Ammoniak würden z. B. die Stellen A, B und D von Wasserstoff eingenommen sein.

In neuester Zeit sind verschiedentlich Versuche angestellt worden, um in der Piperidinreihe zu inaktiven Stereoisomeren des fünfwertigen Stickstoffs zu gelangen, z. B. von MENSCHUTKIN[1] gelegentlich seiner grundlegenden Arbeiten über die Bildungsgeschwindigkeiten der Amine und Alkylammoniumsalze.

Es wurde das Kombinationsprodukt von Äthylpiperidin mit Jodallyl verglichen mit demjenigen von Allylpiperidin mit Äthyljodid: durch Überführung in die Chloride und Behandeln mit Platinchlorid wurden identische[2] schön ausgebildete Oktaëder erhalten. Bemerkenswert ist die total verschiedene Reaktionsgeschwindigkeit, mit der sich das zugehörige Bromid einerseits aus Äthylpiperidin und Allylbromid (Konstante $Ak = 1122$), andererseits aus Allylpiperidin und Äthylbromid (Konstante $Ak = 11$) bildet.

---

[1] Zeitschr. f. physik. Chemie **17**, 227 und Berichte d. deutsch. chem. Ges. **28**, 1398—1407.

[2] HOFMANN hatte schon die Identität der auf verschiedenen Wegen erhaltenen Salze $(CH_3)_3C_2H_5NJ$ dargethan.

In analoger Weise fand C. DE BRERETON EVANS,[1] daß sowohl die Kombination von Äthylpiperidin mit Propyljodid, als auch diejenige von Propylpiperidin mit Äthyljodid ein Gemenge von enantiomorphen Krystallen des monosymmetrischen Systems lieferte, welche denselben Schmelzpunkt (276°) besaßen.

Aus den Arbeiten MENSCHUTKINS ist ferner zu entnehmen, daß bei den Bildungsgeschwindigkeiten der Amine drei Typen existieren: die maximale Bildung des tertiären Amins oder des Ammoniumsalzes entspricht dem ersten Typus; im dritten Typus erreicht die Geschwindigkeit ihr Minimum bei den Ammoniumsalzen, während das Maximum bei der Bildung des primären Amins liegt. „Je stärker die Kette die Bildungsgeschwindigkeit der Amine verringert, desto jäher tritt ein Verschwinden der komplexeren Formen der Amine ein; zunächst verschwinden die Ammoniumverbindungen, sodann die tertiären und endlich die sekundären Amine. Etwas länger bleibt die Fähigkeit, schwacher Basen sich mit Säuren zu verbinden und nur in dieser Form Verbindungen des fünfwertigen Stickstoffs zu geben: es kann auch diese Eigenschaft abgehen, und es giebt Amine, die mit so stark deprimierend wirkenden Ketten versehen sind, daß sie sogar Salze zu bilden nicht im stande sind. Anilin ist eine schwache Base, Diphenylamin giebt nur wenige Salze, Triphenylamin ist mit der Säure nicht verbunden, und Tetraphenylammoniumverbindungen existieren gar nicht. Die Bildungsgeschwindigkeit der Amine mit stark deprimierenden Ketten sind betreffs ihrer Wirkung mit den sauerstoffhaltigen Ketten, wie sie uns z. B. die Säureamide zeigen, zu vergleichen. Acetamid $CH_3.CO.NH_2$ ist kaum im stande, Verbindungen des fünfwertigen Stickstoffs zu geben." Den schwachbasischen Aminen kann die Fähigkeit, Verbindungen des fünfwertigen Stickstoffs zu liefern, wiedergegeben werden durch Einführung der geschwindigkeitserregenden Ketten, wie z. B. Methyl oder dergleichen.

Der Autor schließt mit dem Ergebnis, daß der Chemiker es in der Gewalt hat, durch entsprechend gewählte Ketten, die er mit dem Stickstoffatom zusammenkettet, die Fähigkeit dieses

[1] Journ. of the chemical Society **71**, 522.

Atoms, fünfwertige Verbindungen zu liefern, zu vernichten und sodann die schlummernde, aber potentiell vorhandene Fähigkeit wieder ins Leben zu rufen. „Beim Stickstoff, so auch bei anderen mehratomigen Elementen, ist es unschwer, die Frage der Wertigkeit zu lösen, jedoch schwer, die Frage zu beantworten, nach der Anzahl potentiell vorhandener Wertigkeitseinheiten, nach der maximalen Wertigkeit des Elements."

Die Frage, unter welchen Bedingungen zwei negative Radikale am pentavalenten Stickstoff haften können, bildet ein besonderes Kapitel, das im speziellen Teile eingehend beleuchtet werden soll. Es sei hier nur auf den wahrscheinlichen Unterschied zwischen Acetamid und Dimethylacetamid bei der Salzbildung (Menschutkin) aufmerksam gemacht, sowie auf die Existenz des Triäthylaminoxyds (Bewad) und des Triäthylamindibromids, das A. Lachmann[1] mit Zinkäthyl umzusetzen versuchte, in der Hoffnung, auf diese Weise zum Pentaäthylstickstoff $N(C_2H_5)_5$ zu gelangen; er erhielt statt dessen Triäthylamin, Bromäthyl und Bromzinkäthyl; ebenso versagte die Wechselwirkung zwischen Tetraäthylammoniumjodid und Zinkäthyl.

In neuester Zeit sind weitere interessante pentavalente Stickstoffverbindungen entdeckt worden, in welcher der zweiwertige Sauerstoff zwei Valenzen des Stickstoffs beansprucht; so die Piperidinoxyde 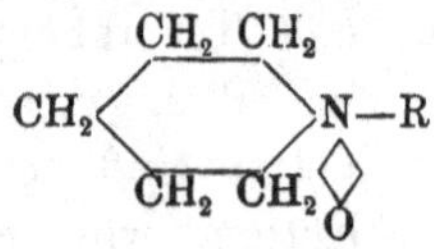 von Wolffenstein[2] und Wernick und die Dialkylanilinoxyde $C_6H_5N\begin{smallmatrix}R_2\\O\end{smallmatrix}$ von Bamberger und Tschirner.[3]

Nahe verwandt mit diesen Körpern sind die von Hantzsch und Hilland[4] bei der Alkylierung des Hydroxylamins erhaltenen Trialkyloxyammoniumsalze $N\begin{smallmatrix}(R)_3\\OH\\Hlg.\end{smallmatrix}$; die freien Oxyammonium-

[1] Americ. Chem. Journ. **18**, 372—375.

[2] Berichte d. deutsch. chem. Ges. **31**, 1553.

[3] a. a. O. **32**, 342.

[4] a. a. O. **31**, 206 ff.

basen sind unbeständig und fungieren wahrscheinlich als Trialkylaminoxyde $N\begin{smallmatrix}\nearrow (R)_3\\ \searrow O\end{smallmatrix}$.

Von Interesse ist ferner die von C. HARRIES und T. HAGA[1] ausgeführte Methylierung des Hydrazinhydrats: es ergab sich, daß der Prozeß bei der erschöpfenden Methylierung einer Amidogruppe des Hydrazins stehen bleibt: das Endprodukt ist das Trimethylazoniumhydrat $NH_2—N(CH_3)_3OH$.

Schließlich sei noch ein kurzer Überblick über die Versuche gegeben, welche bezweckten, den dreiwertigen asymmetrischen Stickstoff in die formell mögliche Analogie mit dem asymmetrischen Kohlenstoffatom zu bringen und die etwaige Existenz von Spiegelbildisomeren bei Ammoniakderivaten zu ermitteln.

So stellt KRAFFT[2] Spaltungsversuche mit dem neutralen Tartrat des Äthylbenzylamins, den sauren Tartraten des p-Tolylhydrazins, sowie den Tartraten von Hydroxylaminderivaten an, ohne daß es gelang, eine Spaltung in optische Antipoden hervorzurufen: es ist daher anzunehmen, daß die drei Stickstoffvalenzen mit dem Stickstoffatom selbst in einer Ebene liegen.[3]

Ebenso negative Resultate erhielten BEHREND und KÖNIG[4] bei Versuchen, das neutrale Tartrat bezw. das mandelsaure Salz des β-Benzylhydroxylamins zu Spaltungszwecken zu verwerten.

Auch LADENBURG[5] konnte durch fraktionierte Krystallisation der Bitartrate des Methylanilins, Tetrahydrochinolins und Tetrahydropyridins keine Aktivierung der angewandten Basen beobachten.

Die Auffindung des d-Isoconiins[6] veranlasste jedoch denselben Forscher, zwei Hypothesen über die Isomerieverhältnisse zwischen Coniin und Isoconiin aufzustellen: die erste geht von der Anschauung aus, daß in dem Piperidin und in ähnlichen Gebilden die Valenzen des Stickstoffs nicht in einer Ebene

[1] Berichte d. deutsch. chem. Ges. **31**, 57 ff.
[2] a. a. O. **23**, 2780.
[3] Vgl. HANTZSCH, Stereochemie, 56.
[4] Annal. d. Chem. **263**, 184.
[5] Berichte d. deutsch. chem. Ges. **26**, 864.
[6] a. a. O. **26**, 862; vgl. **25**, 2775.

liegen, so daß schon bei den Monosubstitutionsprodukten des Piperidins durch die Lage der dritten (räumlichen) Valenz des Stickstoffs Asymmetrie und optische Aktivität hervorgerufen bezw. verändert werden kann. Die zweite Hypothese geht von der Anschauung aus, daß die drei Stickstoffvalenzen in einer Ebene liegen: dann bleiben für die dritte, nicht dem Ringe angehörige Valenz zwei Lagen übrig; bei der einen steht sie außerhalb, bei der anderen innerhalb des Ringes. Das verschiedene Drehvermögen der Isomeren soll auch hier eine Erklärung finden, da der optische Schwerpunkt der beiden Molekeln offenbar nicht die gleiche Lage hat.

Demgegenüber kommt L. Simon[1] zu folgenden Ansichten: „beim dreiwertigen asymmetrischen Stickstoff kann nur dann optische Isomerie auftreten, wenn in der Molekel schon ein asymmetrisches Kohlenstoffatom vorhanden ist, oder mit anderen Worten: Die Asymmetrie des Stickstoffs kann nur die durch ein vorhandenes asymmetrisches C-Atom schon hervorgerufene optische Aktivität modifizieren, nicht aber eine solche erzeugen“.

Ladenburg[2] hat zur Prüfung seiner Annahme auch das Tetrahydroisochinolin — das kein asymmetrisches Kohlenstoffatom besitzt — mit Hilfe des Bitartrats zu spalten versucht, jedoch ohne Erfolg.

Die hier mitgeteilten negativen Versuche zur Spaltung von tertiären, asymmetrischen Basen mit Hilfe von optisch aktiven Säuren, können ebenfalls als Beiträge zur Stereochemie des fünfwertigen Stickstoffatoms betrachtet werden, da ein solches durch die Salzbildung entsteht.

Es ergiebt sich aus diesem historischen Überblick über die Stereochemie des fünfwertigen Stickstoffs, daß die Zahl der theoretischen Spekulationen die Summe der praktischen Erfahrungen übertrifft, und daß im wesentlichen noch drei Hauptfragen der definitiven experimentellen Beantwortung harren.

[1] Bulletin d. l. soc. chim. [3] IX, 949.

[2] Berichte d. deutsch. chem. Ge. **27**, 853.

Ich habe meine Versuche in dieser Richtung im wesentlichen auf dem weniger betretenen Gebiete der aromatischen und ringförmigen Ammoniumbasen beschränkt, in der Hoffnung, hier leichter zu stabilen und gut krystallisierenden Verbindungen zu gelangen.

Ich versuchte daher zunächst zu ermitteln, welche Grenze der Raumerfüllung existiert, d. h. welche Art von Atomgruppierungen gerade noch um das pentavalente Stickstoffatom Platz findet, und wie sich der Einfluß verschiedenartiger Radikale auf die Additionsfähigkeit tertiärer Amine äußert.

In zweiter Linie suchte ich die Bedingungen kennen zu lernen, unter welchen inaktive Stereoisomere an einem asymmetrischen Stickstoffatom zu erwarten sind, und zu ermitteln, welchen Grad der Stabilität erstere — je nach der Art der eingeführten Radikale — zeigen.

Drittens habe ich im Rahmen meines oben skizzierten Arbeitsgebietes die schon vielfach angeregte Frage in Angriff genommen, wie weit die Analogie des asymmetrischen Stickstoffs mit dem asymmetrischen Kohlenstoffatom geht, im besonderen, ob ersterer zur optischen Aktivität befähigt ist oder nicht.

Schließlich galt es dann noch zu untersuchen, unter welchen Bedingungen zwei negative Radikale am fünfwertigen Stickstoff haften können; aus der experimentellen Beantwortung dieser Frage hat sich dann eine Reihe von synthetischen Reaktionen entwickelt, welche als „Ausweicherscheinungen" im stereochemischen Sinne zu betrachten sind.

Im dritten Hauptabschnitt endlich habe ich aus dem gewonnenen Materiale die theoretischen Schlußfolgerungen gezogen und mich im speziellen mit der Aufstellung eines geeigneten Modells für den fünf- und dreiwertigen Stickstoff beschäftigt.

II. Spezieller Teil.

Erstes Kapitel.

Die Raumerfüllung.

Bezüglich des Maximums der Raumerfüllung bei Verbindungen des fünfwertigen Stickstoffs in der aromatischen Reihe kann auf die in der Einleitung angeführten Äußerungen MENSCHUTKINS hingewiesen werden: Diphenylamin giebt nur wenig Salze, Triphenylamin überhaupt keine und Tetraphenylammoniumverbindungen existieren nicht.

Bei quaternären Salzen ist jedoch das Maximum viel früher erreicht; selbst Diphenyldimethylammoniumsalze lassen sich nach den gebräuchlichen Methoden nicht darstellen.

1 Mol. Methyldiphenylamin wurde mit 1 Mol. Jodmethyl 5—6 Stunden im eingeschmolzenen Rohre erhitzt, ohne daß ein Ammoniumsalz gebildet wurde; man erhielt vielmehr das unveränderte, durch ausgeschiedenes Jod braun gefärbte Ausgangsmaterial zurück.

Danach erscheint für gewöhnliche Salze im System

$$C_6H_5-N\begin{matrix}\diagup C_6H_5\\ \diagdown C_6H_5\end{matrix},$$

für quaternäre Verbindungen dagegen schon im System

$$CH_3-N\begin{matrix}\diagup C_6H_5\\ \diagdown C_6H_5\end{matrix}$$

die Grenze der Additionsfähigkeit erreicht zu sein. Es erscheint plausibel, daß ein leicht bewegliches Wasserstoffatom noch Platz findet, wo ein Alkyl nicht mehr untergebracht werden kann.

Schiebt man aber die drei Benzolkerne im Triphenylamin aus der Kollisionssphäre heraus unter Einfügung dreier Methylengruppen, so findet die Bildung quaternärer Salze wieder verhältnismäßig leicht statt: das Tribenzylamin verbindet sich mit Jodmethyl zum Tribenzylmethylammoniumjodid:

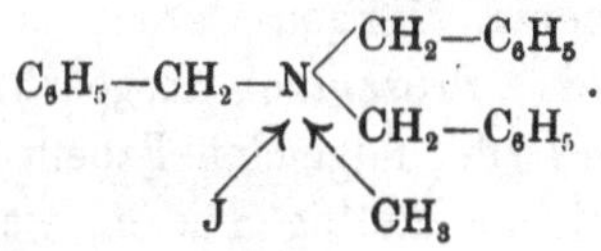

Im Dibenzylanilin

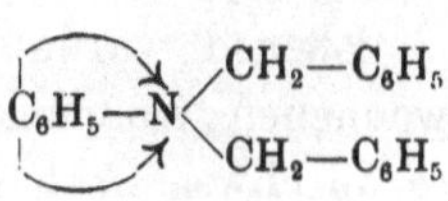

scheint hingegen die Additionsfähigkeit wieder auf ein Minimum gesunken zu sein, während das Benzyldiphenylamin

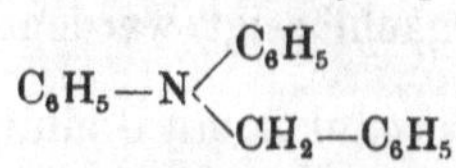

ebenso wenig, wie das Methyldiphenylamin quaternäre Salze bilden kann: der Raum um das Stickstoffatom wird durch das Näherrücken der Phenylgruppen zusehends enger.

Aber auch fette Radikale setzen mit zunehmender Kohlenstoffzahl und beginnender Verzweigung der Kohlenstoffketten das Vermögen, quaternäre Ammoniumverbindungen zu bilden, schnell herab.

Dies zeigte sich in einer Versuchsreihe, in der Dimethylanilin als tertiäre Base zu Grunde gelegt war und folgende Alkyljodide zum Vergleich herangezogen wurden: $\mathbf{CH_3J}$, $\mathbf{C_2H_5J}$, $\mathbf{C_3H_5J}$, $\mathbf{C_3H_7J}$ (Normal), $\mathbf{(CH_3)_2.CH.J}$, $\mathbf{C_4H_9J}$ (Normal), $\mathbf{{}^{CH_3}_{C_2H_5}\!\!>\!CHJ}$, $\mathbf{C_5H_{11}J}$ und $\mathbf{(C_6H_5.CH_2J)}$.

Die Komponenten wurden im Verhältnis 1:1 ($^1/_{50}$ ihrer Molekulargewichte) miteinander gemischt und 48 Stunden bei Zimmertemperatur sich selbst überlassen: nur die drei ersten Alkyljodide und das noch zum Vergleich herangezogene Benzyljodid hatten sich mit dem Dimethylanilin in wägbaren Mengen verbunden.

Die übrigen Gemische, die zum Teil nur sehr geringe krystallinische oder ölige Niederschlagsmengen enthielten, wurden daher zwei Stunden auf dem Wasserbade am Rückflußkühler erhitzt. Nach dem Erkalten wurden sämtliche Proben mit Äther übergossen und durch systematisches Waschen von anhaftenden Ausgangsmaterialen befreit, getrocknet und gewogen. Die in jedem Falle gewonnenen Mengen wurden in Bezug auf die theoretische Ausbeute in Prozenten ausgedrückt; die erhaltenen Zahlen befinden sich in der folgenden Tabelle S. 21. Um sicher zu sein, daß dieselben keine zufälligen seien, wurden sie in mehreren Fällen durch Wiederholung der Versuche unter denselben Bedingungen kontrolliert. Ebenso wurde in einigen Stichproben der Jodgehalt der gewonnenen Ammoniumjodide bestimmt: es ergab sich, daß letztere durchweg noch nicht völlig rein waren; da aber bei der Umrechnung auf den Reingehalt die Zahlen innerhalb der gewonnenen großen Unterschiede bleiben, so kann diese Fehlerquelle vernachlässigt werden.

Die Kombinationsprodukte mit Jodmethyl, Jodäthyl, Isobutyljodid und Amyljodid sind ohne weiteres gelblich-weiß gefärbt und krystallinisch, diejenigen mit Benzyljodid und Allyljodid gelbbraun bis gelb, während die Produkte aus Propyl-, Isopropyl- und Butyljodid zunächst dunkle, schwer bewegliche Öle bilden, die nach einiger Zeit erstarren. Das rohe Isobutyldimethylphenylammoniumjodid zersetzt sich gegen 206°, das Amylderivat gegen 210°.

In einer dritten Versuchsreihe[1] wurden 8 Jodalkyle ($^1/_{20}$ Mol.) 53 Stunden mit den äquivalenten Mengen Dimethylanilin sich selbst überlassen. Das Resultat war ein ähnliches, nur mit dem Unterschiede, daß die Zahlen für Jodmethyl sich um etwa vier Prozent gehoben haben, während Allyljodid gegen die früheren Werte etwas zurücksteht; Äthyljodid nimmt genau denselben Platz ein, wie in der Tabelle S. 21 (15,8%). Von da ab sinken aber die Prozente für die übrigen Jodide rapid, da denselben im Unterschiede zu den früheren Versuchen keine Wärme zu-

[1] Diese Zahlen dienen zum Vergleich von Äthyl mit Propyl u. s. w. unter gleichen Bedingungen.

Versuchstabelle.

Vergleich von 9 Jodalkylen mit Dimethylanilin.

Alkyljodid	Summe der Componenten	Ausbeute in Gramm		Ausbeute in Proz.		Jodgehalt		Formel des Additionsproduktes
		I.	II.	I.	II.	Gef.	Ber.	
Methyljodid	5,26	4,682	4,678	89,01	88,93	46,86	48,29	$(C_6H_5)(CH_3)_2 \equiv N(CH_3)J$
Äthyljodid	5,54	0,835	—	15,07	—	43,17	45,85	$(C_6H_5)(CH_3)_2 \equiv N(C_2H_5)J$
Allyljodid	5,78	5,4355	5,312	94,04	91,90	42,93	43,94	$(C_6H_5)(CH_3)_2 \equiv N(C_3H_5)J$
Propyljodid	5,82	1,626	1,6445	27,94	28,25	40,51	43,64	$(C_6H_5)(CH_3)_2 \equiv N(C_3H_7)J$
Isopropyljodid . . .	5,82	0,307	0,300	5,27	5,15	44,45	43,64	$(C_6H_5)(CH_3)_2 \equiv N(CH(CH_3)CH_3)J$
Butyljodid	6,1	1,037	—	17,0	—	40,72	41,93	$(C_6H_5)(CH_3)_2 \equiv N(C_4H_9)J$
Isobutyljodid . . .	6,1	0,10	0,0805	1,64	1,32	—	—	$(C_6H_5)(CH_3)_2 \equiv N(CH(CH_3)C_2H_5)J$
Amyljodid	6,38	0,1565	0,172	2,45	2,69	—	—	$(C_6H_5)(CH_3)_2 \equiv N(C_5H_{11})J$
Benzyljodid	6,78	5,6341	—	83,1	—	35,97	37,46	$(C_6H_5)(CH_3)_2 \equiv N(CH_2 . C_6H_5)J$

geführt wurde: Propyl (3%), Isopropyl (0,9%), Butyl (3,9%), Isobutyl (0,06%), Amyl (0,2%).

Bei Betrachtung der tabellarischen Resultate ergiebt sich, daß zwei unter sich durchaus verschiedene Radikale, wie Methyl und Allyl, einander dynamisch sehr nahe stehen, während zwei nahe Verwandte, wie Methyl und Äthyl, sich durch die enorme Differenz von 74% unterscheiden; noch größer ist der Unterschied zwischen Propyljodid C_3H_7J und Allyljodid C_3H_5J; Benzyl- und Methyljodid sind hingegen dynamisch verwandt. Noch wichtiger sind die Unterschiede zwischen den normalen und Isoverbindungen: der Abfall von Propyljodid zu Isopropyljodid beträgt nicht weniger als 23%, derjenige von Butyljodid zu Isobutyljodid etwa 16%. Das Amyljodid $C_5H_{11}J$ giebt fast eine doppelt so grosse Ausbeute wie das Isobutyljodid C_4H_9J.

Es ergiebt sich aus diesen Beobachtungen, daß nicht so sehr das Gewicht der Massen, sondern die verschiedenartige Konstitution und Raumerfüllung der hindernde Faktor der Additionserscheinungen ist, namentlich rufen Verzweigungen der Kohlenstoffketten starke Kollisionen und damit Verminderung der Ausbeuten hervor; reaktionsbeschleunigend hingegen wirkt die Doppelbindung im Allyl, im Einklang mit analogen Beobachtungen Menschutkins, sowie die Substitution der Methylgruppe im Äthyl durch den Phenylrest:

$$\longleftarrow \quad CH_2{-}CH_3 \ (15\%) \qquad \longleftarrow \quad CH_2{-}C_6H_5 \ (83\%).$$

Bemerkenswert bei diesen Erscheinungen ist, daß die Schwierigkeit zur Bildung eines gewissen Systems, z. B. $C_6H_5N(CH_3)_2 + C_2H_5J$, keine absolute ist, sondern auf anderem Wege ganz oder teilweise aufgehoben ist, denn Methyläthylanilin $C_6H_5N\begin{matrix} CH_3 \\ C_2H_5 \end{matrix}$ vereinigt sich vergleichsweise leicht und schnell mit Jodmethyl; beide Reaktionen führen aber zu demselben Salz $\begin{matrix} CH_3 \\ C_6H_5 \end{matrix}{>}N{\lessgtr}\begin{matrix} CH_3 \\ C_2H_5 \\ J \end{matrix}$.

Daraus scheint hervorzugehen, daß Alkylgruppen, je nachdem sie sich fertig in einem tertiären Amin vorfinden, oder erst an ein solches addiert werden, eine andere Lage einnehmen oder eine andere Rolle spielen: erst in dem Moment, wo das neue System fertig gebildet ist, erscheinen alle Komponenten wieder gleichwertig und der Unterschied zeigt sich nur in den Ausbeuten.

Daß selbst Radikale mit verzweigten Ketten, die sich in einem tertiären Amin befinden, eine viel geringere hemmende Kraft besitzen, als wenn sie als Additionskomponenten[1] erscheinen, zeigte das Beispiel des Diisopropylanilins

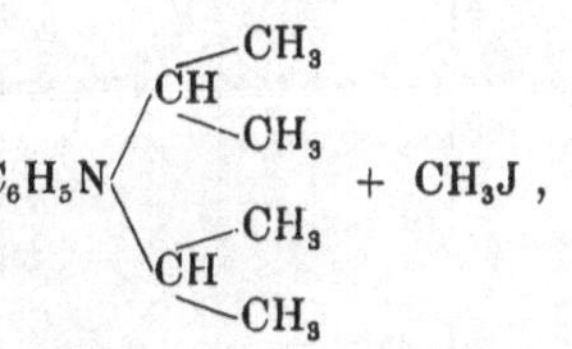

das in der Kälte zunächst mit Jodmethyl nicht zu reagieren scheint, bei längerem Stehen aber oder bei Wärmezufuhr nicht unbeträchtliche Mengen des Additionsproduktes (45,4 %) bildet; eine dritte verzweigte Kette vermag sich aber unter denselben Bedingungen kaum mehr einzuschieben; das System

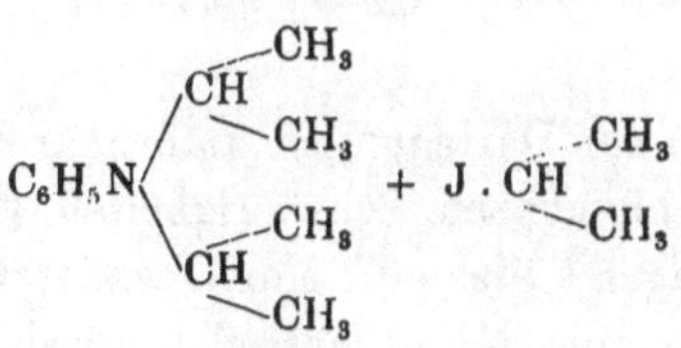

zeigt einen äußerst geringen Additionskoeffizienten (1,4 %), so daß wir hier wieder an einer Grenze der Raumerfüllung angelangt sind.

Analog ist das Verhalten des Diisoamylanilins $C_6H_5.N\left<{C_5H_{11} \atop C_5H_{11}}\right.$ gegen Jodmethyl (46,6 %) bezw. Isopropyljodid, während das System Dimethylanilin + Amyljodid selbst bei 100° nur mit etwa $2^1/_2$ % zu stande kommt.

Die vergleichenden Ausbeuten bei der Einwirkung von Jodmethyl und Isopropyljodid auf Diisopropylanilin und von Jod-

[1] Vgl. den geringen Additionskoeffizienten des Systems

$$C_6H_5N(CH_3)_2 + J.CH\left<{CH_3 \atop CH_3}\right. \quad (5,2\ \%).$$

methyl auf Diisoamylanilin unter gleichen Bedingungen sind folgende:

Alkyljodid $^1/_{50}$ M.	Summe der Componenten	Ausbeute in Gramm	Ausbeute in Proz.	Formel des Additionsproduktes
Diisopropylanilin, $^1/_{50}$ des Molekelgewichts				
Jodmethyl . .	6,38	2,9	45,4	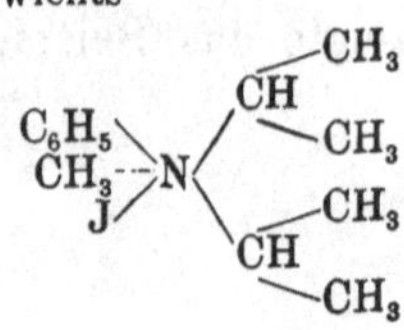
Isopropyljodid	6,94	0,1	1,4	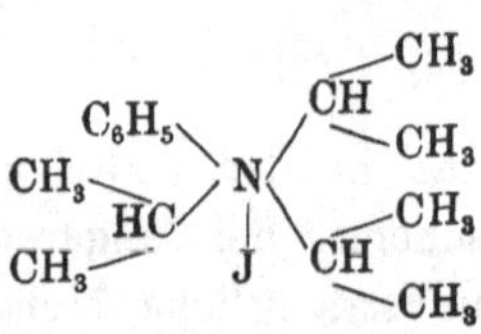
Diisoamylanilin, $^1/_{50}$ des Molekelgewichts				
Jodmethyl . .	7,5	3,5	46,6	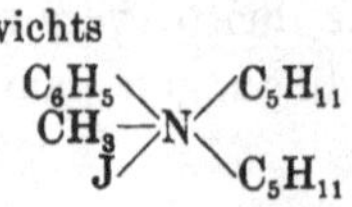

Auf Grund dieser Darlegungen kann man bei der Darstellung von neuen Ammoniumbasen Schwierigkeiten für eine bestimmte Methode voraussagen, die auf einem anderen Wege gar nicht oder nur in geringerem Maße eintreffen werden: ein Beispiel für diese Anschauung wird ein später zu beschreibendes asymmetrisches Ammoniumsalz sein.

Während nun die angeführten Beobachtungen — was die Unterschiede zwischen normalen und Isoverbindungen betrifft — den allgemeinen Gesetzen entsprechen, welche C. A. Bischoff bei seinen Studien über Verkettungen aufgestellt hat, also im wesentlichen auf Kollisionen der Kohlenstoffketten zurückzuführen sind, deutet eine Thatsache aus der Reihe der Benzylaminbasen darauf hin, daß es Reaktionen giebt, die von anderen Faktoren beeinflußt zu werden scheinen.

Einen solchen Fall stellt das Tribenzylamin dar, dessen quaternäre Ammoniumsalze von Marquard[1] dargestellt worden

[1] Berichte d. deutsch. chem. Ges. **19**, 1027.

sind. Derselbe stellte fest, daß Isopropyljodid sich mit Tribenzylamin zu dem entsprechenden Ammoniumsalz vereinigt, während mit normalen Propyljodid jede Reaktion ausbleibt.

Bei der Nachprüfung dieser auffälligen Notiz ergab sich wirklich, daß bei 6 stündigem Erhitzen auf 100° Tribenzylamin (5 g) sich mit Isopropyljodid (3 g) zu fast 4% verbindet, während unter denselben Bedingungen mit Normalpropyljodid keine nachweisbare Einwirkung eintrat.

Darnach erscheint also das System:

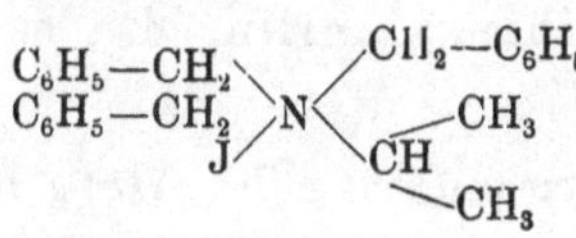

(Fp. 180°)

begünstigter als das System:

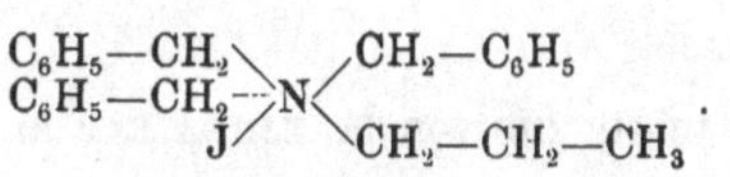

Bei der mangelhaften Additionsfähigkeit des Tribenzylamins ließ sich diese interessante Erscheinung nicht weiter quantitativ verfolgen, doch scheint es, daß Normalbutyl- und Isobutyljodid sich bei 125—130° mit der tertiären Base ziemlich gleichmäßig verbinden. Eine Erklärung läßt sich zur Zeit nicht geben: jedenfalls hängt die merkwürdige Beobachtung nicht so sehr mit der Natur des fünfwertigen Stickstoffs zusammen, als mit den besonderen sterischen Eigenschaften des Benzylradikals zusammen.

Das letztere scheint nämlich räumlich eine besondere Rolle zu spielen, und namentlich muß das Dibenzylanilin $C_6H_5N(CH_2 . C_6H_5)_2$ als ein sterisch begünstigtes System bezeichnet werden, da es sich häufig bei Reaktionen bildet, wo seine Entstehung gar nicht zu erwarten war: so z. B. bei der Einwirkung[1] von Benzylchlorid auf Allylanilin, wo sich neben Benzylallylanilin unter Verdrängung des Allyls reichliche Mengen von Dibenzylanilin bilden:

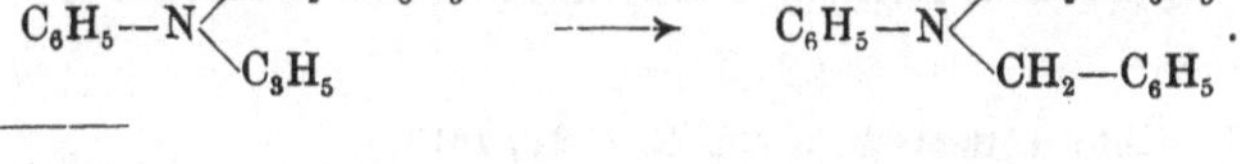

[1] Vgl. das zweite Kapitel.

Auch auf dem umgekehrten Wege, durch Einwirkung von Allylbromid (26,4 g) auf Benzylanilin (40 g) entsteht der genannte Körper: nachdem das Gemisch $1^1/_2$ Stunden auf dem siedenden Wasserbade digeriert ist, wurde alkalisch gemacht, das ausgeschiedene Öl getrocknet und im Vakuum (52 mm Druck) destilliert; die Fraktionen von 190—225° enthalten 13,6 g unverändertes Benzylanilin, von 225—230° 3 g Benzylallylanilin; der Rest von 230—270° erstarrt nach dem Erkalten und erweist sich nach dem Auspressen auf Thon und einmaligem Umkrystallisieren aus 96%igem Alkohol als Dibenzylanilin, das bei 71° schmilzt und fast rein ist.

Analyse: 0,1202 g Substanz: 0,3564 g CO_2, 1184 g H_2O.

Berechnet für $C_{20}H_{19}N$:	C	87,91 %	H	6,96 %
Gefunden:	„	87,18 „	„	6,67 „

Das Pikrat zeigte die von MATJUDAIRA[1] angegebenen Eigenschaften.

Auch bei der Einwirkung von Jodmethyl auf Benzylanilin konnte die Bildung von Dibenzylanilin als Nebenprodukt beobachtet werden: bei einem Druck von 33 mm enthielten die hochsiedenden Fraktionen (240—280°) des Rohöls eine dicke, bald krystallisierende Masse, die aus Alkohol in feinen Nadeln vom Schmelzpunkt 71° gewonnen wurde. Das Pikrat bildet lange Spieße und schmilzt bei 132° (MATJUDAIRA 130—131°), das salzsaure Salz, das schon durch warmes Wasser zersetzt wird, krystallisierte aus Chloroform-Äther in kleinen Rosetten.

Die Zersetzung unter Bildung von Dibenzylanilin findet offenbar während des Destillierens statt, indem das leicht bewegliche Benzyl sich von einem Molekül loslöst, um mit dem Methyl des nächsten den Platz zu tauschen.

Auch von anderer Seite[2] ist schon früher die unerwartete Bildung des Dibenzylanilins konstatiert worden, da letzteres bei der Einwirkung von Benzylanilin auf α-Bromfettsäureester an Stelle der zu erwartenden Benzylanilinofettsäureester entsteht.

---

[1] Berichte d. deutsch. chem. Ges. **20**, 1613.

[2] C. A. BISCHOFF, Berichte d. deutsch. chem. Ges. **31**, 2674.

Die oben bereits angeführten Thatsachen, daß die Bildung desselben Systems auf verschiedenem Wege total verschiedenen Reaktionsschwierigkeiten begegnet, gewinnen an Interesse, sobald es gelingt, die während der Einwirkung beobachteten Unterschiede auch in den fertigen Reaktionsprodukten zu fixieren.

Ein solcher Effekt läßt sich durch Einhalten von zwei Bedingungen wenigstens teilweise verwirklichen: erstens muß ein vollständig asymmetrischer Stickstoff zu Grunde gelegt werden, d. h. sämtliche Valenzen müssen durch unter sich verschiedene Radikale besetzt sein, zweitens müssen diese Radikale eine ansehnliche Raumerfüllung besitzen, damit sie nicht durch Platzwechsel etwa mögliche Unterschiede verwischen. Auf dieser Grundlage gelang es in einem Falle sogar, drei verschiedene Reaktionsgeschwindigkeiten zu beobachten.

Die Bildung des Systems 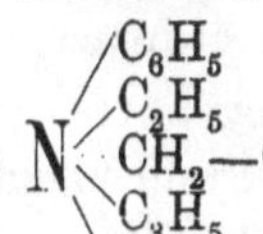 kann z. B. auf drei verschiedenen Wegen erfolgen:

1) durch Kombination von Allyläthylanilin

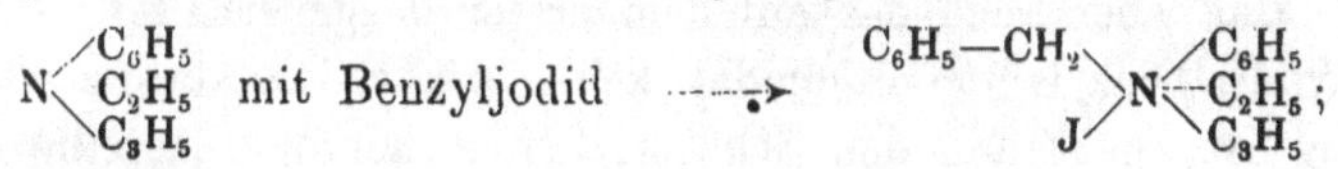

2) durch Kombination von Äthylbenzylanilin

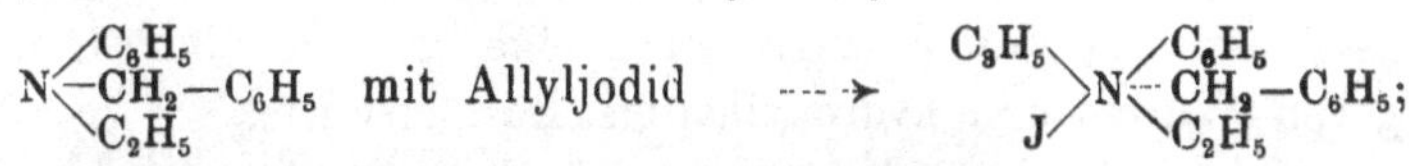

3) durch Kombination von Benzylallylanilin

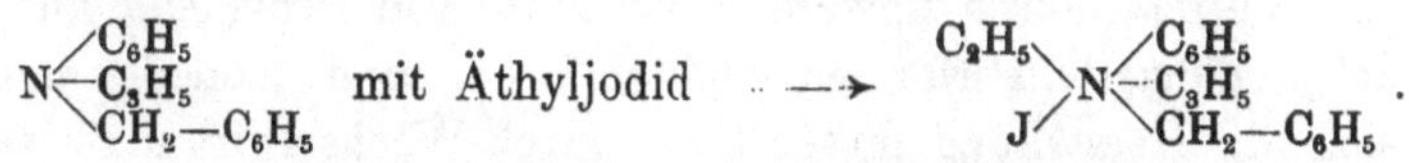

Während die flüssige Mischung von 1) in wenigen Tagen zu einem fast farblosen Krystallbrei erstarrt ist, bildet sich aus der Mischung von 2) erst nach mehreren Wochen eine verhältnismäßig geringe Menge eines dunkelbraunen Harzes, das nicht zur Krystallisation gebracht werden kann. Die Mischung von 3) zeigt erst nach vielen Monaten einen unbedeutenden öligen Niederschlag. Während aber die von Menschutkin in verschiedenen

Reaktionsgeschwindigkeiten erhaltenen Ammoniumsalze der Piperidinreihe chemisch und physikalisch identisch waren, deuten die erhaltenen Kombinationen, wie im zweiten Kapitel an analogen Beispielen gezeigt werden soll, auf die Bildung von stereoisomeren Salzen hin. Da somit unter den in verschiedener Reihenfolge eingeführten Radikalen kein oder doch nur ein teilweiser Platzwechsel eingetreten ist, so ist einleuchtend, daß eine Kombination (1), welche die größte Reaktionsgeschwindigkeit und Krystallisationsfähigkeit zeigt, die räumlich begünstigte ist.

Bemerkenswert ist wiederum, daß ein und dasselbe Radikal — in diesem Falle Benzyl — einen ganz verschiedenen Einfluß zeigt, je nachdem es sich bereits in dem tertiären Amin befindet, oder erst als Jodid an ein benzylfreies Amin addiert wird: in ersterem Falle wirkt seine Raumerfüllung hindernd auf die Annäherung anderer Atomgruppen, im zweiten Falle nützt es die geringere Raumerfüllung des Allyls und Äthyls aus, um gerade noch die Bildung des Systems zu erreichen. Daß in letzterem wieder ein Maximum der Raumerfüllung erreicht ist, beweisen die Schwierigkeiten zur Bildung desselben auf zwei von drei möglichen Wegen.

Daß aber auch das auf dem ersten Wege erhaltene Phenyläthylallylbenzylammoniumjodid keine sonderlich stabile Verbindung ist, geht aus den Schwierigkeiten hervor, dasselbe durch Krystallisation rein und in guten Ausbeuten zu erhalten; das asymmetrische Jodid zeigt auch eine gewisse Unbeständigkeit gegen Wärme und hydroxylhaltige Lösungsmittel.

Das zu seiner Gewinnung erforderliche Allyläthylanilin ist von Schiff[1] durch längere Einwirkung von Äthyljodid auf Allylanilin dargestellt worden; viel einfacher und schneller gestaltet sich die Herstellung dieser Base durch Wechselwirkung zwischen Äthylanilin und Allylbromid.

Gleiche Gewichtsteile der Komponenten werden $1^1/_2$ Stunden auf dem Wasserbade erhitzt: dann wird mit starker Kalilauge alkalisch gemacht, das ausgeschiedene Öl abgetrennt, getrocknet und mehrfach destilliert. Der Siedepunkt der reinen Base liegt

---

[1] Annalen d. Chem. Suppl. 3, 365.

bei 227—229°, sie bildet ein wasserklares Öl, das einen angenehmen Gewürzgeruch besitzt.

Analyse: 0,1174 g Substanz: 8,9 ccm N (19°, 767 mm).

Berechnet für $C_{11}H_{15}N$:	Gefunden:
N 8,69 %	8,8 %.

Zur Darstellung des Phenyläthylallylbenzylammoniumjodids werden äquimolekulare Mengen tertiärer Base und Benzyljodid einige Tage sich selbst überlassen; der entstandene Krystallbrei wird abgepreßt und sehr vorsichtig durch Lösen in lauwarmen Alkohol-Aceton und Fällen mit Äther gereinigt. Matte, gelbe, nicht messbare Kryställchen, die im Exsiccator bis zur Gewichtskonstanz getrocknet werden. Fp. 110—112° (unter Zersetzung).

Analyse: 0,2006 g Substanz: 5,18 ccm $^1/_{10}$-Normal $AgNO_3$.

Berechnet für $C_{18}H_{22}NJ$:	Gefunden:
J 33,43 %	32,79 %.

Die nach beiden anderen Methoden in geringen Mengen erhaltenen Produkte waren harzig bezw. ölig und konnten nicht rein und krystallisiert erhalten werden; mindestens eins derselben stellt aus später zu erörternden Gründen ein selbständiges isomeres Individuum dar.

Das Allyläthylanilin addiert zwar Jodmethyl, aber kaum Benzylbromid, so daß wir in dem geschilderten Jodid an der Grenze der Additionsfähigkeit angelangt sind.

Das für die Kombination 2) erforderliche Äthylbenzylanilin $C_2H_5N(C_6H_5)(CH_2.C_6H_5)$ läßt sich bequem darstellen durch vierstündiges Erhitzen von 50 g Äthylanilin mit 52,2 g Benzylchlorid, nach dem Alkalischmachen wird das abgehobene Öl getrocknet und bei 14 mm Druck rektifiziert. Bis 150° ist Vorlauf, von 168—179° geht die Hauptmenge (21 g) als klares Öl über.

Bei abermaliger Rektifikation unter 15 mm Druck geht die Base bei 185—187° über; das Äthylbenzylanilin reagiert mit Allyljodid kaum, mit Allylbromid gar nicht, in der Hitze tritt Dunkelfärbung und Zersetzung der Gemische ein.

Das für die Kombination 3) erforderliche Benzylallylanilin soll im zweiten Kapitel beschrieben werden.

Bezüglich der Additionsfähigkeit der Benzylhalogene sei nachträglich noch erwähnt, daß auch Substituenten im Benzolkern von Einfluß auf die Reaktionsgeschwindigkeit sind. Während die Vereinigung von Dimethylanilin mit Benzylchlorid verhältnismäßig schnell erfolgt, dauert die Vereinigung von p-Nitrobenzylchlorid mit Dimethylanilin bei Zimmertemperatur monatelang.

Das p-Nitrobenzylphenyldimethylammoniumchlorid

$$\begin{array}{lcl} C_6H_5\diagdown & & \diagup CH_2.C_6H_4NO_2 \\ CH_3 - & N & \\ CH_3\diagup & & \diagdown Cl \end{array}$$

krystallisiert aus Alkohol-Äther in fast farblosen, meßbaren Blättchen oder Spießen, die bei 118—120° schmelzen; leicht löslich in Wasser und Alkohol. Die konzentrierte wässerige Lösung giebt mit Platin- und Goldchlorid charakteristische Niederschläge; mit Zinnchlorür und Salzsäure tritt energische Reaktion ein unter Reduktion der Nitrogruppe.

Analyse: 0,1385 g Substanz: 11,5 ccm N (24°, 766 mm).

Berechnet für $C_{15}H_{17}NO_2Cl$:	Gefunden:
N 9,57 %	9,46 %.

Die gut ausgebildeten Krystalle wurden auf meine Bitte von Herrn Dr. A. Fock einer krystallographischen Untersuchung unterzogen:

Krystallsystem: monoklin.

Beobachtete Formen: $c = \{001\} o P$ und $m = \{110\} \infty P$.

Die Krystalle sind tafelförmig nach $c\{001\}$ und bis zu $1^1/_2$ mm lang bezw. breit und $^1/_2$ mm dick. Weitere Formen als c und m konnten nicht aufgefunden werden.

	Beobachtet
$m : m = (110) : (1\bar{1}0) =$	92° 62′
$c : m = (001) : (110) =$	64° 18′.

Spaltbarkeit nicht beobachtet.

Die Auslöschungsrichtungen des Lichtes auf der Basis $c\{001\}$ halbieren den Prismenwinkel, optische Axen treten durch diese Fläche nicht aus.

Versucht man die Einwirkung des p-Nitrobenzylchlorids auf Dimethylanilin durch Erhitzen zu beschleunigen, so tritt bei einer gewissen Temperatur ein äußerst lebhafter Oxydationsprozeß ein:

es bildet sich unter anderem Methylviolett; unter analogen Bedingungen erzeugt Nitrobenzylchlorid aus Diphenylamin Diphenylaminblau.[1] Es geht hieraus hervor, daß Temperaturerhöhung nur bis zu einem gewissen Grade beschleunigend auf den Additionsvorgang wirkt, da bei höherer Temperatur leichter wieder Abspaltung oder sekundäre Prozesse eintreten.

Daß fünf Kohlenwasserstoffreste nicht an einem Stickstoffatom haften können, hat A. Lachmann, wie schon in der Einleitung erwähnt, durch die Nichtexistenz des Pentaäthylstickstoffs dargethan. Als Ergänzung dieser Angaben kann ich die Beobachtung hinzufügen, daß molekulares Silber ohne jede wahrnehmbare Einwirkung auf Triäthylphenylammoniumbromid ist, daß also eine Verkettung im Sinne der Gleichung:

$$2[(CH_3)_3C_6H_5N.Br] + 2Ag = [(CH_3)_3C_6H_5]N{-}N[(CH_3)_3C_6H_5] + 2AgBr$$

nicht stattfindet.

Hieraus läßt sich schließen, daß im pentavalenten Stickstoffatom mindestens eine Valenz eine besondere Richtung beansprucht; diese ist entweder durch Halogen oder durch Hydroxyl besetzt, niemals aber durch einen Kohlenwasserstoffrest (Lachmann), oder durch ein zweites fünfwertiges Stickstoffradikal.

Unter welchen Bedingungen zwei Valenzen besondere Richtungen beanspruchen, soll im vierten Kapitel erörtert werden.

Zweites Kapitel.

Die Bedingungen und Grenzen der inaktiven Stereoisomerie am asymmetrischen Stickstoffatom.

Die bisherigen Beobachtungen über Stereoisomerie am fünfwertigen Stickstoff sind in der Einleitung eingehend gewürdigt worden; es erübrigt nur hervorzuheben, daß es sich durchweg um die Chloroplatinate und nicht um die direkt darstellbaren

[1] Diese außerhalb des Rahmens meines Themas fallenden Prozesse sind in „Liebigs Annalen“ ausführlich beschrieben.

quaternären Salze handelte, daß dieselben infolge ihrer Labilität nicht eingehend studiert werden konnten, und daß es nicht gelang, die Bedingungen für das Auftreten der Isomeren im allgemeinen festzulegen.

Vorausgesetzt, daß es möglich wäre, genügend große, der Permutation unfähige Radikale einzuführen, boten somit die *aromatischen* Vertreter der Ammoniumbasen die günstigste Aussicht, einen Beitrag zur Lösung des Problems zu liefern, wenn auch die durch den Phenylrest stark herabgesetzte Additionsfähigkeit der tertiären Basen eine geringe Auswahl in den anzulagernden Atomgruppen ließ.

Auf Grund der im vorigen Kapitel geschilderten Erfahrungen war es unschwer, zu erkennen, daß das System des Phenyläthylallylbenzylammoniumjodids eben jenseits der Grenze liegt, wo *mehrere* Formen existieren können, denn es ließ sich nur eine räumlich begünstigte Konstellation beobachten.

Es war also denkbar, durch eine geringe Raumerweiterung Platz für zwei oder drei selbständige *Formen* schaffen zu können, ohne einen vollständigen Platzwechsel befürchten zu müssen.

Dies ist auch thatsächlich der Fall, wenn man in dem mehrfach erwähnten „asymmetrischen Jodid“ das Radikal „Äthyl“ durch „Methyl“ ersetzt:

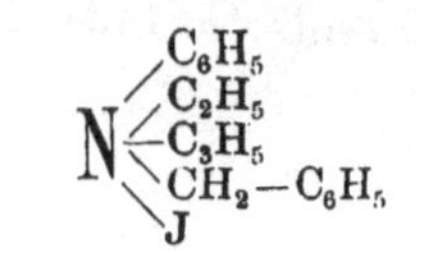

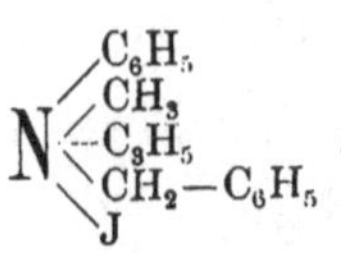

Das Phenyl*methyl*allylbenzylammoniumjodid zeichnet sich außerdem durch besondere Neigung zum Krystallisieren aus; es wurde auf drei verschiedenen Wegen dargestellt:

1) durch Addition von Allyljodid an Methylbenzylanilin:

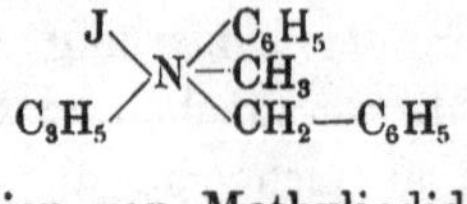

(α);

2) durch Addition von Methyljodid an Benzylallylanilin:

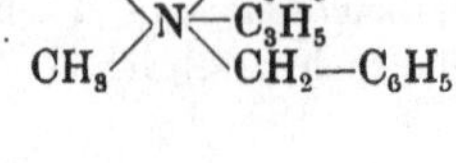

(β);

3) durch Addition von Benzyljodid an Allylmethylanilin:

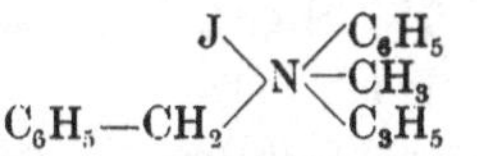 (γ).

Das Ergebnis der vergleichenden Darstellung war, daß die Produkte nach 1) und 3) chemisch und krystallographisch identisch sind, während der nach der zweiten Methode gewonnene Körper zwar dieselbe chemische Zusammensetzung hat, aber sich physikalisch durch Schmelzpunkt, spezifisches Gewicht u. s. w., vor allem aber durch die charakteristischen krystallographischen Eigenschaften von den anderen beiden unterscheidet. Daß hier zum ersten Male nicht labile Isomere vorliegen, geht daraus hervor, daß es bis jetzt nicht gelang, das eine in das andere umzulagern.

Zur bequemeren Orientierung seien die drei Produkte als „α-, β- und γ-Jodid" bezeichnet.

Vor der Beschreibung der einzelnen Modifikationen seien Angaben über die Darstellungsmethoden der Ausgangsmaterialien gemacht.

α-Phenylmethylallylbenzylammoniumjodid $C_{17}H_{20}NJ$.

Das zur Gewinnung dieses Salzes erforderliche Methylbenzylanilin[1] $CH_3N.(C_6H_5)(CH_2.C_6H_5)$ wird am bequemsten durch Einwirkung von Benzylchlorid auf Methylanilin dargestellt.

96 g Methylanilin und 114 g Benzylchlorid werden ca. 5 Stunden auf dem Wasserbade erwärmt, das gebildete Chlorhydrat mit der entsprechenden Menge Natronlauge zerlegt, das ausgeschiedene Ol abgehoben und nach dem Trocknen über Natriumsulfat im Vakuum destilliert. Bei etwa 35 mm Druck ergab sich folgendes Fraktionsbild:

I.	— 150°	10,98 g
II.	150—160°	6,55 g
III.	160—180°	10,2 g
IV.	180—182°	8,55 g
V.	182—183°	46,7 g
VI.	183—185°	9,8 g
	Zusammen	92,78 g

[1] Vgl. Nölting, Jahresbericht fur Chemie **1883**, 702.

Bei abermaliger Rektifikation unter einem Druck von 60 mm wurde ein Vorlauf bis 205° erhalten, während die Hauptmenge von 205—212° konstant siedet.

Das so gewonnene fast farblose Öl ist frei von Dibenzylanilin, dessen Bildung bei der Einwirkung von Jodmethyl auf Benzylanilin, wie schon erwähnt, sich nicht vermeiden läßt.

Zur Darstellung des „α-Jodids“ werden 46 g Benzylmethylanilin mit 37,7 g Allyljodid durchgeschüttelt und 24 Stunden sich selbst überlassen; es hat sich ein fester brauner Krystallkuchen gebildet, der nach dem Zerschlagen des Gefäßes von anhaftendem Öl durch Auspressen auf Thon befreit wird. Das Gewicht des Rohproduktes ist 71 g, während theoretisch 84 g zu erwarten sind (84,5 %).

Die Reinigung kann aus verschiedenen Lösungsmitteln vorgenommen werden, aus siedendem Alkohol, Wasser oder 50 %igem Alkohol unter Vermeidung eines Überschusses von Lösungsmitteln und allzulangen Kochens. Um Verluste beim Umkrystallisieren zu vermeiden, wurde daher die Löslichkeit des Rohproduktes in siedendem Alkohol bestimmt: 71 g Substanz lösen sich in 146 ccm siedenden Alkohol (96 %), also 1 g in etwa 2 ccm Alkohol. Nach mehrmaliger Krystallisation erhält man durch langsames Abkühlen farblose, meist undurchsichtige, scharfkantige Spieße, die im Exsiccator getrocknet werden, da bei 100° oft gelinde Gelbfärbung eintritt.

Unter Einhaltung der eben geschilderten Bedingungen werden etwa 57 % der Theorie an völlig reinem Salz erhalten: um 1 g desselben zu lösen, sind nunmehr 1,95 ccm siedenden Alkohols (96 %) erforderlich; schwer löslich in Chloroform, Äther, Ligroin und Aceton, in der Kälte auch in den übrigen Lösungsmitteln.

Zur Analyse wurde ein aus Alkohol-Äther sich in federförmigen Aggregaten abscheidendes Präparat verwandt:

0,1254 g Substanz: 0,2548 g CO_2, 0,062 g H_2O.
0,170 g „ : 6 ccm N (21°, 760 mm).
0,2544 g „ : 6,85 ccm $^1/_{10}$ Normal-$AgNO_3$.

Berechnet für					
$C_{17}H_{20}NJ$:	C 55,89,	H 5,48,	N 3,82,	J 34,8 %	
Gefunden:	„ 55,43,	„ 5,50,	„ 4,01,	„ 34,2,	35,0 %.

Die Dämpfe der heißen Lösungen des Salzes wirken in der heftigsten Weise zu Thränen reizend, wahrscheinlich infolge partieller Abspaltung von Benzyljodid.

Durch sehr langsame Krystallisation werden meßbare Krystalle erhalten, deren Untersuchung ich der Güte des Herrn Dr. A. Fock verdanke; derselbe teilt mir darüber folgendes mit:

Krystallsystem: rhombisch.

$a:b:c = 0,8915:1:0,6637$.

Beobachtete Formen: $m = \{110\}\infty P$ und $r = \{101\}\bar{P}\infty$.

Die trüben Krystalle sind kurz prismatisch und zwar meist nach der Axe b, bisweilen auch wohl nach der Vertikalaxe, und zeigen Dimensionen bis zu etwa 2 mm. Sämtliche Flächen geben schlechte Spiegelbilder, so daß die Messungsresultate mit einem Fehler bis zu ca. $^1/_{12}$ Grad behaftet sein können. Anzeichen für Hemiëdrie oder Hemimorphie waren nicht aufzufinden:

	Beobachtet	Berechnet
$m:m = (110):(1\bar{1}0)$	= 83° 26′	—
$r:r = (101):(\bar{1}01)$	= 73° 20′	—
$m:r = (110):(101)$	= 62° 32′	63° 43′

Spaltbarkeit ziemlich vollkommen nach $b\{010\}$.
Ebene der optischen Axen = $c\{001\}$.
Erste Mittellinie = Axe b.
$2E$ = ca. 95° (nach Schätzung).
Dispersion der Axen gering und bei der Unvollkommenheit des Materials nicht mit Sicherheit zu bestimmen.

Physikalische Eigenschaften des „α-Jodids“.

Der Schmelzpunkt des Salzes, der mit dem Dissoziationspunkt zusammenfällt, ist nicht scharf und hängt von der Schnelligkeit des Erhitzens ab: der höchste zu beobachtende Schmelzpunkt war 140—142° unter Zersetzung zu einer braunen Flüssigkeit; bei langsamem Erhitzen kann schon gegen 135° beginnende Zersetzung beobachtet werden.

Um in der Löslichkeit[1] einen eventuellen Unterschied mit

[1] Bei der Zersetzlichkeit der Jodide beim Eindampfen mit hydroxylhaltigen Lösungsmitteln konnten genaue Löslichkeitsbestimmungen nicht ausgeführt werden.

dem später zu beschreibenden „β-Jodid“ feststellen zu können, wurden 2,951 g „α-Jodid“ mit 47,8 ccm absolutem Alkohol eine Stunde in der Schüttelmaschine bei 23° geschüttelt, eine Stunde stehen gelassen, abfiltriert, das Ungelöste gewogen: Gewicht 2,5257 g. Das Filtrat wurde bei möglichst gelinder Temperatur verdampft: Gewicht des Gelösten 0,33 g, also Verlust 0,0953 g.

Es waren 85,6% Substanz ungelöst geblieben.

Molekulargewichtsbestimmung

nach der Siedemethode in Wasser.

Dieselbe hatte nicht so sehr den Zweck, die an sich zweifellose Molekulargröße des „α-Jodids“ festzulegen, als aus bei steigender Konzentration etwa auftretenden abnormen Werten auf partielle Abspaltung von Halogenalkyl in wässeriger Lösung zu schließen.

Gewicht des angewandten Wassers: 15 g. Konstante: 5,2.

Substanz in Grammen	Gefundene Erhöhung	Konzentration in Prozenten	Gefunden: M.	Zunahme bei steigernder Konzentration	Berechnet: M.
0,2283	0,023	1,52	343		
				100	
0,7047	0,055	4,69	443		
				32	365
1,1532	0,084	7,68	475		
				41	
1,5944	0,107	10,62	516		

Nach dem Erkalten waren die Wandungen des Siedegefäßes mit einer zähen, durchsichtigen Masse bedeckt, welche erst beim Kratzen mit dem Glasstabe krystallinisch erstarrte; letztere roch furchtbar nach Benzyljodid.

Klare wässerige Lösungen lassen sich nur durch kurzes Aufkochen herstellen; bei längerem Kochen tritt deutliche Trübung ein. Der zu Thränen reizende Geruch ist auch bei längerem Trocknen auf 100° bemerkbar.

Es folgt daraus, daß aus dem System 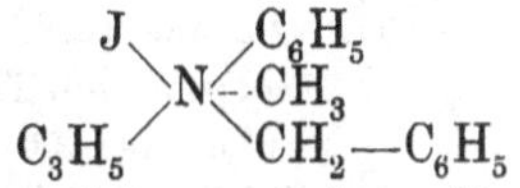 das größte Radikal „Benzyl“ abgespalten wird, trotzdem die Bildung desselben durch Addition von Allyljodid an Methylbenzylanilin erfolgte.

Diese Beobachtungen stehen im Einklang mit den Resultaten von Claus und dessen Schülern, daß nämlich in homologen Alquaternären Ammoniumsalzen stets die Kohlenstoff-reichsten Alkylreste ausgeschieden werden. Das Benzyljodid konnte seiner Zersetzlichkeit wegen nicht in Substanz isoliert werden.

Umlagerungsversuche.

Das „α-Jodid“ konnte aus allen Lösungsmitteln, auch nach längerem Kochen in unverändertem Zustande zurückgewonnen werden; durch trockene Destillation an der Luft tritt teilweise Zersetzung unter Entwickelung von Benzyljodiddämpfen ein.

Auch durch Destillation im Vakuum konnte keine Umlagerung in das isomere „β-Jodid“ erreicht werden; das angewandte Salz destilliert unverändert, wahrscheinlich derartig, daß im Dampfzustand Dissoziation in Benzyljodid und Allylmethylanilin stattfindet, welche sich beim Erkalten wieder vereinigen. In der höchsten Fraktion befindet sich ein Öl, welches erst bei der Destillation an der Luft teilweise fest wird. Die fraktionierte Destillation von 25 g α-Jodid unter 50 mm Druck ergab folgendes Bild:

I.	— 120°	. 2,95 g	weißlich-gelbe Krystalle und etwas Öl,
II.	120—130°	. 3,95 g	erfüllt mit farblosen, trüben Krystallen,
III.	130—140°	. 1,73 g	Krystalle und wenig Öl,
IV.	140—160°	. 1,8 g	dickes, schwer bewegliches Öl,
V.	160—220°	. 4,8 g	gelb-rotes, leichter bewegliches Öl.
	Rückstand	. 1,3 g	
	Zusammen	. 16,55 g	

Die einzelnen Fraktionen wurden, soweit möglich, aus Alkohol oder Wasser umkrystallisiert und auf Krystallhabitus und Schmelzpunkt geprüft:

I. Rhombische Krystalle des α-Jodids, Fp. 138—140°.

II. Rhombische Krystalle des α-Jodids, Fp. 142—146° (aus Wasser).

III. Die aus verd. Alkohol erhaltenen Krystalle stellen scheinbar ein Gemisch von Tafeln und Prismen vor; durch nochmalige Krystallisation aus 50 %igem Alkohol gewinnt man trübe Säulen oder Spieße vom Fp. 140—142°.

Analyse: Ber. für $C_{17}H_{20}NJ$:	Gefunden:
J 34,8 %	34,07 %.

IV. Aus dem Öl läßt sich mit Äther eine geringe Menge eines farblosen Pulvers fällen.

V. Geht bei der Destillation an der Luft zwischen 100—300° über; die erste Fraktion (bis 190°) wird schnell fest.

Das „α-Jodid“ giebt in wässeriger Lösung mit einer Lösung von Jod in Jodkalium einen braunen, schmierigen Niederschlag des Jodadditionsproduktes, welches in warmen Alkohol löslich ist.

Wenn die heiße wässerige Lösung des Jodids mit der berechneten Menge feuchten Silberoxyds behandelt wird, erhält man eine alkalische reagierende Flüssigkeit der freien asymmetrischen

Ammoniumbase $N \begin{cases} C_6H_5 \\ CH_3 \\ C_3H_5 \\ CH_2{-}C_6H_5 \\ OH \end{cases}$.

Beim Neutralisieren mit Mineralsäuren erhält man gut krystallisierende Salze, während organische Säuren, so weit dies untersucht wurde, sirupöse Salze liefern.

Die weiteren, direkt oder indirekt darstellbaren Derivate des α-Phenylmethylallylbenzylammoniumhydroxyds sollen nach Erledigung des isomeren „β-Jodids“ beschrieben werden.

β-Benzylallylmethylphenylammoniumjodid.

Dieses stereoisomere Jodid wurde durch Addition von Jodmethyl an Benzylallylanilin dargestellt; diese bisher noch nicht beschriebene Base wurde ihrerseits aus Allylanilin und Benzylchlorid gewonnen. Das von Schiff[1] zuerst dargestellte Allylanilin entsteht durch Einwirkung von Allyljodid auf Anilin in der Kälte; die Destillation der an der Luft sich bald braun färbenden Base geschieht zweckmäßig bei vermindertem Druck; die Ausbeute ist nicht befriedigend.

---

[1] Ann. der Chem. Suppl.-Bd. 3, 364.

Benzylallylanilin $(C_3H_5)(C_6H_5)N(CH_2 . C_6H_5)$.

20 g Allylanilin werden mit 19 g Benzylchlorid $1^1/_2$ Stunden auf 100° erwärmt, das gebildete Chlorhydrat mit Natronlauge zerlegt, die Base abgehoben und der wässerige Teil zweimal mit möglichst wenig Äther ausgeschüttelt. Der mit dem Öl vereinigte Extrakt wird über geglühtem Natriumsulfat getrocknet und bei vermindertem Druck destilliert. Es bildet sich meistens nur eine geringe Menge Vorlauf, aus unverändertem Allylanilin und Benzylchlorid bestehend. Die Hauptmenge siedet unter 5 mm Druck von 180—210°; von 210—240° geht ein dickes Öl über, das bald erstarrt und sich nach einmaligem Umkrystallisieren aus Alkohol als Dibenzylanilin vom Fp. 71—72° erweist. Die Hauptfraktion ist nach abermaliger Rektifikation unter 42 mm Druck reines, von 215—225° siedendes Benzylallylanilin. Die Ausbeute leidet sehr unter den wechselnden Mengen von Dibenzylanilin, die sich als Nebenprodukt bilden.

Analyse: 0,0997 g Substanz: 5,4 ccm (20°, 770 mm).

Berechnet für $C_{16}H_{17}N$:	Gefunden:
N 6,29 %	6,46 %.

Das Benzylallylanilin ist in frischem Zustande ein fast farbloses, schwer bewegliches, eigentümlich riechendes Öl, das sich mit Mineralsäuren unter Erwärmung zu gut krystallisierenden Salzen verbindet. Zur Charakterisierung der Base wurde durch Lösen in alkoholischer Salzsäure und Fällen mit Äther das Chlorhydrat dargestellt; dasselbe krystallisiert aus Alkohol-Äther in zarten, farblosen Blättchen vom Fp. 220—221°.

Analyse: 0,5481 g Subst. verbrauchten 23,15 ccm $^1/_{10}$ N.-Silbernitrat.

Berechnet für $C_{16}H_{18}NCl$:	Gefunden:
Cl 14,46 %	14,97 %.

Löslich in heißem Wasser und in den meisten organischen Lösungsmitteln, mit Ausnahme von Äther und Ligroin; die wässerige Lösung giebt mit Platinchlorid und Goldchlorid charakteristische Niederschläge.

Zur Darstellung des „β-Jodids“

werden 17,6 g Benzylallylanilin mit 13,6 g Jodmethyl 3—4 Tage stehen gelassen: es hat sich dann eine gelbliche, durchsichtige und äußerst zähflüssige Masse gebildet, die nur noch schwach nach Methyljodid riecht. Es gelingt selbst unter den größten Vorsichtsmaßregeln, nur einen geringen Teil des Reaktionsproduktes in krystallisiertem Zustande zu gewinnen; dies geschieht durch Lösen in siedendem Alkohol, Abkühlen der erhaltenen Lösung auf 0° und vorsichtiges Einträufeln von Äther unter beständigem Kratzen mit dem Glasstabe. Sowie man bemerkt, daß die ausfallenden Krystallflitter anfangen, sich mit öligen Tropfen zu überziehen, hört man mit dem Zusatz von Äther auf, saugt schnell ab und wäscht die Krystalle mit wenig kaltem Alkohol aus. Das mit Alkohol verdünnte Filtrat liefert, in derselben Weise behandelt, noch eine kleine Menge Krystalle, der Rest bleibt meistens selbst bei monatelangem Stehen sirupös. Einmal in festem Zustande gewonnen, erhält man das Salz aus jedem Lösungsmittel in schönen, rhombischen Prismen, die namentlich durch vorsichtige Krystallisation aus heißem Wasser oder 50%igem Alkohol zu fast centimeterlangen Individuen anwachsen. Das neue Jodid unterscheidet sich durch Habitus, Schmelzpunkt, Löslichkeit u. s. w. von dem „α-Jodid", besitzt aber dieselbe chemische Zusammensetzung, wie schon aus der einfachen Synthese zu erwarten ist; zur Analyse wurde es bei 100° getrocknet:

0,2058 g Substanz: 8,2 ccm N (23°, 770 mm).
0,2225 g „ : 0,1442 g AgJ.

Berechnet für $C_{17}H_{20}NJ$:	N	3,82 %	J	34,8 %
Gefunden:	„	4,22 „	„	35,01 „

Der Schmelz- bezw. Dissoziationspunkt[1] ist ebenso wie beim „α-Jodid" von der Schnelligkeit des Erhitzens abhängig und liegt bei 158—159° („α-Jodid" 140—142°) unter Bildung einer durch Ausscheidung von Jod braun gefärbten Flüssigkeit. Für die definitive Unterscheidung vom „α-Jodid" war die krystallographische Unterscheidung des „β-Jodids" maßgebend; trotzdem beide Jodide dem rhombischen System angehören, sind sie krystallographisch

[1] Charakteristisch ist beim Schmelzen die Bildung zweier Schichten, einer oberen hellen und einer unteren dunklen.

ganz verschieden, sowohl in Hinsicht auf die Axenverhältnisse, als auf das optische Verhalten.

Herr Dr. A. Fock teilt darüber folgendes mit:

„β-Jodid".

Krystallsystem: rhombisch.

$a:b:c = 0{,}6779:1:1{,}0392.$

Beobachtete Formen: $m = \{110\} \infty P$, $b = \{001\} \infty \breve{P} \infty$, $q = \{011\} \breve{P} \infty$ und $l = \{010\} \frac{1}{3} \breve{P} \infty$.

Die etwas stengeligen, im übrigen aber glänzenden Krystalle sind prismatisch nach der Vertikalaxe und bis zu 8 mm lang und $1^1/_2$ mm dick. Von den Formen der Prismenzone herrscht zumeist $m\{110\}$, von den Endformen dagegen $l\{013\}$ vor. Irgend welche Merkmale für Hemimorphie bezw. Hemiëdrie konnten in der äußeren Form nicht aufgefunden werden; auch die Spiegelbilder gaben in dieser Hinsicht keinen bestimmten Anhalt (vgl. u.).

	Beobachtet	Berechnet
$m:m = (110):(1\bar{1}0)$	$= 68^0\ 16'$	—
$b:\ q = (010):(011)$	$= 43^0\ 54'$	—
$l:\ l = (013):(0\bar{1}3)$	$= 38^0\ 3'$	$38^0\ 13'$
$m:\ q = (110):(011)$	$= 66^0\ 6'$	$66^0\ 9'$
$l:m = (013):(110)$	$= 79^0\ 29'$	$79^0\ 25'$

Spaltbar vollkommen nach $b\{010\}$.

Ebene der optischen Axen $= c\{001\}$.

Erste Mittellinie = Axe b.

Die Spaltungslamellen nach $b\{010\}$ zeigen im Polarisationsinstrument allgemein ein gestörtes Interferenzbild; scheinbar lagern sich verschiedene Axenpaare mit den Winkeln $2E$ von ca. 50^0 und 70^0 über einander. Die Substanz besitzt also hiernach ein inhomogenes Gefüge und der Axenaustritt ist an verschiedenen Stellen ein verschiedener. Mit dem Mikroskop konnten indessen bei starker Vergrößerung einzelne homogene Stellen aufgefunden werden, welche dann auch eine normale Interferenzfigur gaben. Möglicherweise — wenn nicht wahrscheinlich — liegen hiernach in den Krystallen ausnahmslos Durchwachsungszwillinge zweier monokliner (hemimorpher?) Individuen nach der Spaltungsfläche $b\{010\}$ vor, und die geringe regelmäßige Störung in dem optischen Verhalten resultiert deshalb, weil die erste Mittellinie der monoklinen Individuen etwa 10° gegen die Normale zur Spaltungsfläche (die dann als Querfläche zu betrachten) geneigt ist. Die Dispersion der Axen ist zu gering, um in dieser Hinsicht einen sicheren Schluß zu gestatten, und das Gleiche gilt auch von der Abweichung der ersten Mittellinie von der Normalen in den mikroskopischen Interferenzbildern, zumal bei der Unsicherheit der Auflagerung. Immerhin ist hier ein Fall von lamellarer Zwillingsbildung und somit von Pseudoracemie stark zu vermuthen.

Physikalische Eigenschaften.

Das „β-Jodid" ist spezifisch schwerer als das „α-Jodid".

Die Löslichkeit in absoluten Alkohol bei Zimmertemperatur (20,5°) wurde folgendermaßen geprüft: 1,5381 g Substanz wurden 1 Stunde in der Schüttelmaschine mit 25 ccm Alkohol geschüttelt, 1 Stunde stehen gelassen, dekantiert, und das Ungelöste nach dem Trocknen im Exsiccator gewogen: Gewicht des Ungelösten: 1,1849 g. Das Filtrat wurde bei möglichst gelinder Temperatur verdampft und der Rückstand gewogen: Gewicht des Gelösten: 0,2499 g. Es waren also 77 % ungelöst geblieben. Das „β-Jodid" scheint also etwas leichter löslich zu sein, als das Isomere. Das Verhalten gegen sonstige Lösungsmittel ist qualitativ dasjenige des „α-Jodids".

Umlagerungsversuche.

Das „β-Jodid" konnte aus kochenden Lösungsmitteln stets unverändert in den charakteristischen, langen Prismen zurückgewonnen werden. Kleinere Proben werden bei der Destillation an der Luft unter Bräunung zersetzt, wobei derselbe beißende Geruch (Benzyljodid) wie bei der „α-Verbindung" auftritt. Versucht man aber eine Umlagerung durch Erhitzen im Vakuum vorzunehmen, so destilliert das Salz ohne zu schmelzen: die hellgelben Öltröpfchen im Destillierrohr erstarren schnell zu farblosen Nadeln, die, aus siedendem Alkohol umkrystallisiert, als die bekannten rhombischen Prismen erscheinen; der Schmelzpunkt des destillierten Produktes liegt etwas oberhalb 155° (des nicht destillierten bei 158—159°).

Die Dämpfe der heißen wässerigen Lösung reizen ebenfalls zu Thränen, aber nicht in dem Maße, wie diejenigen des „α-Jodids".

Eine wässerige Lösung des „β-Jodids" giebt mit einer Lösung von Jod in Jodkalium einen dunkelbraunen Niederschlag des Jodadditionsproduktes, der in viel Alkohol löslich ist.

γ-Benzylallylmethylphenylammoniumjodid.

Ein Versuch, auf dem dritten möglichen Wege ein weiteres stereoisomeres (γ-)Jodid darzustellen, nämlich durch Addition von Benzyljodid an Allylmethylanilin, ergab die zweifellose Identität des gewonnenen Produktes mit dem oben beschriebenen „α-Jodid" aus Benzylmethylanilin und Allyljodid. Die Isomerie tritt also nur in einem solchen System auf, welches einem Austausch der Radikale in der gegebenen Reihenfolge ungünstig ist; das ist offenbar aber nur im „β-System" der Fall, wo die zwei Radikale, deren gegenseitiger Austausch zur Identität führen würde, durch ein drittes getrennt sind; im „α- und γ-System" sind hingegen die in Betracht kommenden Radikale benachbart.

Als Material zur Darstellung des γ-(α-)Jodids diente das

Allylmethylanilin $C_{10}H_{13}N$,

welches durch vorsichtiges Zusammenbringen von 21,4 g Methylanilin und 24,2 g Allylbromid und darauf folgendes $^1/_2$-stündiges Erwärmen auf 100° in Form seines Bromhydrates erhalten wurde. Nach dem Zerlegen mit Ätzkali und dem Trocknen des abgeschiedenen Öles geht die reine Base bei 213° (755 mm) über. Wasserklare Flüssigkeit von charakteristischem Geruch, die sich bei längerem Stehen bräunt.

Analyse: 0,1408 g Substanz: 0,4183 g CO_2, 0,1128 g H_2O.
0,1544 g „ : 12,5 ccm N (766 mm, 16°).

Berechnet für $C_{10}H_{13}N$:	C	81,63 %	H	8,84 %	N	9,72 %.
Gefunden:	„	81,5 „	„	8,90 „	„	9,51 „

Äquimolekulare Mengen Methylallylanilin und Pikrinsäure, in alkoholischer Lösung zusammengebracht, scheiden das Pikrat zunächst als Öl ab, das, aus einer größeren Menge Alkohol langsam krystallisiert, in prächtigen, schwefelgelben Prismen anschießt, es schmilzt bei 91—92° und ist nach einmaliger Krystallisation analysenrein:

0,1078 g Substanz: 13,4 ccm N (23°, 766 mm).

Berechnet für $C_{16}H_{16}N_4O_7$:		Gefunden:
N	14,62 %	14,27 %.

Das Pikrat des Allylmethylanilins ist eine asymmetrische Stickstoffverbindung, die in hemiëdrischen Formen krystallisiert, wie aus folgenden Beobachtungen Dr. A. Focks hervorgeht:

Allylmethylanilinpikrat.

Krystallsystem: monoklin, hemiëdrisch.

$a:b:c = 1,3972:1:1,7437.$

$\beta = 74^\circ\, 27'.$

Beobachtete Formen: $a = \{100\}\infty P\infty$, $b = \{100\}\infty P\infty$, $p = \{111\} - P$, $o = \{\bar{1}11\} + P$, $n = \{210\}\infty P2$ und $s = \{101\} - P\infty$. Die gelblich gefärbten etwas trüben Krystalle sind meist nach der Vertikalaxe verlängert, bis zu 7 mm lang und $1^1/_2$ mm dick und vielfach von skelettartiger Ausbildung. Einzelne Individuen sind auch wohl tafelförmig nach $b\{010\}$. Von den angegebenen Formen sind $p\{111\}$ und $o\{111\}$ stets nur von der vorderen Seite Seite vorhanden, so daß mit Bestimmtheit auf Hemiëdrie geschlossen werden kann. Das Prisma $n\{210\}$, welches meist schlecht spiegelnde Flächen zeigt, tritt dagegen bisweilen auch auf der hinteren Seite auf, die sonst in der Regel allein das Pinakoid $a\{\bar{1}00\}$ aufweist.

	Beobachtet	Berechnet
$a:p = (\bar{1}00):(111) =$	128° 3′	—
$a:o = (\bar{1}00):(11\bar{1}) =$	116° 50′	—
$p:o = (111):(11\bar{1}) =$	50° 48′	—
$b:p = (010):(111) =$	47° 2′	46° 55′
$b:o = (010):(11\bar{1}) =$	39° 12′	39° 17′
$a:n = (\bar{1}00):(\bar{2}10) =$	33° 50′	33° 56½′

Spaltbarkeit ziemlich vollkommen nach $a\{100\}$. Ebene der optischen Axen = Symmetrieebene: durch $a\{100\}$ treten beide optischen Axen aus, und zwar die eine angenähert normal, die andere am Rande des Gesichtsfeldes. Nähere Bestimmungen bei der Unvollkommenheit des Materials nicht möglich.

Chloroplatinat und Chloroaurat sind in Wasser verhältnismäßig leicht löslich. Das Allylmethylanilin ist das niedere Homologe des von SCHIFF[1] durch längere Einwirkung von Äthyljodid auf Allylanilin erhaltenen Äthylallylanilins.

Zur Darstellung des „γ-Jodids" werden äquimolekulare Mengen Allylmethylanilin und Benzyljodid ca. einen Tag sich selbst überlassen. Der gebildete krystallinische Krystallkuchen wird in der beim „α-Jodid" angegebenen Weise aufgearbeitet. Chemische und physikalische Eigenschaften sind diejenigen der „α-Verbindung"; der Schmelz- bezw. Dissoziationspunkt liegt zwischen 139—141°, die Dämpfe der heißen wässerigen Lösung reizen heftig zu Thränen; aus 50 %igem Alkohol erhält man trübe, farblose Spieße.

Analyse: 0,203 g Substanz: 5,5 ccm $^1/_{10}$-Normal $AgNO_3$.

Berechnet für $C_{17}H_{20}NJ$:	Gefunden:
J 34,8 %	34,4 %.

Die krystallographische Untersuchung des „γ-Jodids" hat auch in dieser Richtung die völlige Identität mit der „α-Verbindung" ergeben: Krystallsystem rhombisch, $a:b:c = 0{,}8915:1:0{,}6637$.

Trotzdem die Ausbeuten an dem oben beschriebenen „β-Jodid" und an dem zu seiner Darstellung erforderlichen Benzylallylanilin so schlecht waren, daß an ein eingehendes Studium der „β-Reihe" nicht zu denken war, so gelang es doch noch, die zugehörigen „α- und β-Bromide" chemisch und krystallographisch zu vergleichen; auch die isomeren Chloride und die von ihnen sich ableitenden Doppelverbindungen mit Goldchlorid und Platinchlorid konnten wenigstens durch die eine oder andere Eigenschaft charakterisiert werden. Das Ergebnis war, daß die Stereoisomerie sich auch in den Bromiden, Chloriden und in den Doppelsalzen erhält.

Die Bromide wurden durch Addition der korrespondierenden Bromalkyle an die betreffenden tertiären Amine dargestellt, wie aus folgendem Schema erhellt:

[1] Ann. d. Chem. Suppl. 3, 365.

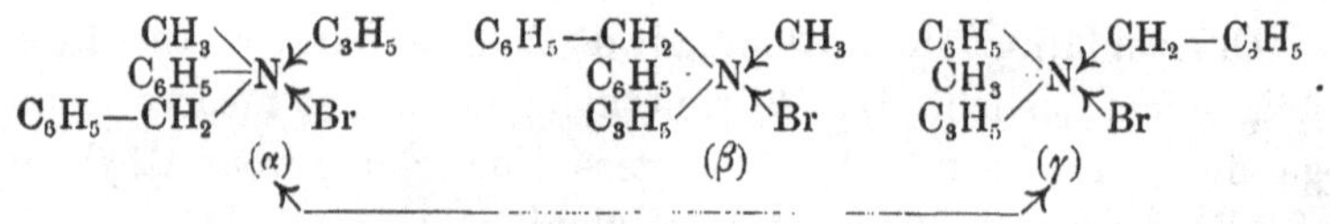

Das „α- und γ-Bromid" sind wiederum identisch, während das „β-Bromid" eine isomere Form darstellt.

α-(γ-)Phenylmethylallylbenzylammoniumbromid $C_{17}H_{20}NBr$.

32,8 g Benzylmethylanilin werden mit 20,1 g Allylbromid gemischt und längere Zeit bei gelinder Temperaturerhöhung sich selbst überlassen: das nicht in Reaktion getretene Öl wird abgegossen und die gebildeten Krystalle mit Äther ausgewaschen. Dieselben können entweder durch kurzes Aufkochen mit Wasser oder bequemer durch Lösen in Chloroform und Fällen mit Aceton in glänzenden, wohlausgebildeten Prismen des rhombischen Systems erhalten werden; der nicht ganz scharfe Schmelz- bezw. Dissoziationspunkt liegt zwischen 161—163°. Das Salz wird zur Analyse bei 100° getrocknet:

0,1507 g Substanz: 0,3524 g CO_2, 0,0858 g H_2O.
0,1496 g „ : 5,5 ccm N (16°, 758 mm).

Berechnet für $C_{17}H_{20}NBr$:	C 64,15	H 6,28	N 4,4
Gefunden:	„ 63,79	„ 6,37	„ 4,28

Das Bromid löst sich leicht in warmem Alkohol und lauwarmem Wasser; bei längerem Kochen mit Wasser trübt sich die anfangs klare Lösung vollständig unter Ausscheidung von Öltropfen, die erst auf Zusatz von verdünnten Säuren wieder verschwinden: es tritt also offenbar in wässeriger Lösung eine Abspaltung von tertiärem Amin ein, ein wichtiger Vorgang, der gelegentlich der Beschreibung des Chlorids näher erörtert werden soll. Das „α-Bromid" ist im Unterschied vom Jodid in Chloroform leicht löslich, dagegen ebenfalls unlöslich in Aceton.

Schneller erfolgt die Darstellung des „α-(γ-)Bromids" durch Vereinigung von Allylmethylanilin (8,2 g) mit Benzylbromid (9,4 g), die auf Grund der zu erwartenden größeren Reaktionsgeschwindigkeit ziemlich energisch erfolgt.

Die Reinigung geschieht in der oben angegebenen Weise; das reine Produkt schmilzt bei 161—163°.

Analyse: 0,3205 g Substanz: 12,2 ccm N (20°, 767 mm).

Berechnet für $C_{17}H_{20}NBr$:	Gefunden:
N 4,40 %	4,41 %.

Die krystallographische Untersuchung der „α-(γ-)Bromide" hat auch in dieser Richtung die völlige Identität der beiden Salze ergeben. Herr Dr. Fock teilt darüber folgendes mit:

„α-Bromid" (isomorph mit dem „α-Jodid").

Krystallsystem: rhombisch.

$a:b:c = 0,88888:1:0,65854.$

Beobachtete Formen: $m = \{110\}\infty P$, $r = \{101\}\bar{P}\infty$, $n = \{120\}\infty\breve{P}2$ und $b = \{010\}\infty\breve{P}\infty$.

Die Krystalle sind prismatisch nach der Vertikalaxe und etwa bis zu 6 mm lang und 1½ mm dick. Von den Formen der Prismenzone herrscht $m\{110\}$ regelmäßig vor, während $n\{120\}$ und $b\{010\}$ mehr zurücktreten oder auch wohl ganz fehlen. Sämtliche Flächen geben gute Spiegelbilder. Irgend welche Anzeichen für Hemiëdrie oder Hemimorphie nicht vorhanden.

	Beobachtet	Berechnet
$m:m = (110):(1\bar{1}0)$ =	83° 16′	—
$r:r = (101):(\bar{1}01)$ =	73° 4′	—
$b:n = (010):(120)$ =	29° 23′	29° 21½′
$r:m = (101):(110)$ =	63° 33′	63° 35′
$r:n = (101):(120)$ =	73° 0′	73° 2′

Spaltbarkeit nicht beobachtet.

Ebene der optischen Axen = $c\{001\}$.

Erste Mittellinie = Axe b.

Durch die Prismenflächen $m\{110\}$ tritt je eine optische Axe aus, und zwar scheinbar um ca. 45° geneigt gegen die zugehörige Normale in der Richtung zur Axe b.

Aus der wässerigen Lösung des „α-Bromids" wird durch Jodkalium ein weißer Niederschlag gefällt, der nach dem Umkrystallisieren alle Eigenschaften des „α-(γ-)Jodids" zeigt.

β-Phenylmethylallylbenzylammoniumbromid $C_{17}H_{20}NBr$.

Zur Darstellung dieses stereoisomeren Salzes wurden äquivalente Mengen Benzylallylanilin (Sdp. 210—225° bei 46 mm) und frisch bezogenes Brommethyl in zugeschmolzenen Röhren bei Wintertemperatur einige Monate sich selbst überlassen. Es hatte sich eine geringe Menge tafelartiger Krystalle gebildet, die von dem anhaftenden Öl durch Abpressen befreit wurden. Durch vorsichtiges Umkrystallisieren aus wenig lauwarmem Wasser oder Chloroform-Aceton wurden fast farblose, wohlausgebildete, monokline Tafeln erhalten, die zur Analyse im Exsiccator getrocknet wurden:

0,0478 g Substanz: 1,52 ccm $^1/_{10}$-Normal Silbernitrat.

Berechnet für $C_{17}H_{20}NBr$:		Gefunden:
Br	25,15 %	25,43 %.

Der Schmelzpunkt liegt auffallend viel niedriger, als derjenige des „α-(γ-)Bromids“, nämlich bei 105—107°; das „β-Bromid“ ist spezifisch schwerer, als das „α-(γ-)Bromid“. Es liegen also ähnlich wie in der Jodidreihe, wiederum bemerkenswerte Unterschiede der Stereoisomeren vor; diese gewinnen durch die nachstehend mitgeteilte krystallographische Untersuchung, die das Auftreten von hemiëdrischen Flächen am „β-Bromid“ wahrscheinlich macht, an Interesse:

Krystallsystem: monoklin, hemiëdrisch?

$$a:b:c = 1,1128:1:1,3084.$$

$$\beta = 71^0\ 45'.$$

Beobachtete Formen: $c = \{001\} o P$, $m = \{110\} \infty P$, $o = \{\bar{1}11\} + P$, $a = \{100\} \infty \bar{P} \infty$, $w = \{\bar{1}12\} + \frac{1}{2} P$, $q = \{021\} 2 \breve{P} \infty$.

Die Krystalle sind tafelförmig nach $c\{001\}$ und etwa bis zu 4 mm lang bezw. breit und 1 mm dick. Von den angeführten Randformen treten $a\{100\}$ und $q\{021\}$ nur untergeordnet auf oder fehlen auch wohl ganz. Die wenigen allseitig frei ausgebildeten Individuen lassen Hemiëdrie erkennen. Die Form $w\{\bar{1}12\}$ zeigte immer nur die hintere Hälfte der Flächen, und von den Formen $m\{110\}$ und $o\{\bar{1}11\}$ waren zwar beide Hälften vorhanden, aber sie unterschieden sich durch Größe und Glanz in sehr deutlicher

Weise. In Hinsicht auf die geringe Zahl der gut ausgebildeten Individuen ist es indessen nicht ganz ausgeschlossen, daß diese Verhältnisse durch die Auflagerung bedingt sein könnten.

	Beobachtet	Berechnet
$m:c = (110):(001)$ =	77° 34′	—
$o:c = (\bar{1}11):(001)$ =	69° 17′	—
$o:o = (\bar{1}11):(\bar{1}1\bar{1})$ =	88° 10′	—
$m:m = (110):(1\bar{1}0)$ =	93° 13′	93° 10′
$o:a = (\bar{1}11):(\bar{1}00)$ =	—	61° 7′
$c:q = (001):(021)$ =	68° 9′	68° 5′
$a:q = (100):(021)$ =	83° 0′	83° 17′
$w:c = (\bar{1}12):(001)$ =	45° 29′	45° 40′
$w:w = (\bar{1}12):(\bar{1}\bar{1}2)$ =	64° 32′	64° 18′
$w:a = (\bar{1}12):(\bar{1}00)$ =	—	76° 24′
$o:m = (\bar{1}11):(110)$ =	80° 6′	80° 1′
$q:m = (021):(110)$ =	40° 54′	41° 3′
$q:m = (021):(\bar{1}10)$ =	—	53° 36′
$q:o = (021):(\bar{1}11)$ =	38° 52′	38° 58′
$q:o = (021):(11\bar{1})$ =	58° 57′	59° 7′
$q:w = (021):(11\bar{2})$ =	—	76° 32′
$q:w = (021):(\bar{1}12)$ =	40° 54′	41° 1′
$w:o = (\bar{1}12):(\bar{1}\bar{1}1)$ =	79° 50′	79° 52′
$w:m = (\bar{1}12):(110)$ =	77° 5′	77° 0′

Spaltbarkeit nicht beobachtet.

Ebene der optischen Axen = Symmetrieebene.

Durch $c\{001\}$ tritt eine optische Axe sehr angenähert normal aus.

„β-Jodid“ und „β-Bromid“ sind demnach nicht isomorph, während „α-Jodid“ und „α-Bromid“ völlige Isomorphie zeigen. Das Ausbleiben der Isomorphie in der „β-Reihe“ ist jedenfalls auf das eigentümliche krystallographische Verhalten des „β-Jodids“ zurückzuführen, welches „wahrscheinlich ausnahmslos Durchwachsungszwillinge zweier monokliner Individuen“ vorstellt.

Die Chloride der beiden isomeren Reihen konnten nicht mehr direkt, d. h. durch Addition der entsprechenden Alkylchloride, dargestellt werden, sondern nur indirekt aus den zugehörigen Jodiden.

α-Phenylmethylallylbenzylammoniumchlorid $C_{17}H_{20}NCl$.

10 g „α-Jodid“ wurden in warmer, wässeriger Lösung mittels der berechneten Menge frisch bereiteten Silberoxydes in die Ammoniumbase verwandelt, dann wurde mit konz. Salzsäure stark sauer gemacht und die Lösung des Chlorids unter stark vermindertem Druck bei 50—60° bis fast zur Trockne verdampft. Der Rückstand wurde in warmen Alkohol aufgenommen und langsam mit Äther gefällt; zur Analyse wurde abermals aus Alkohol-Äther umkrystallisiert und im Exsiccator für die Analyse getrocknet:

0,204 g Substanz: 7,35 ccm $^1/_{10}$-Normal-Silbernitrat.

	Berechnet für $C_{17}H_{20}NCl$:	Gefunden:
Cl	12,98 %	12,79 %.

Das „α-Chlorid“ schmilzt bei 152—154° und bildet meßbare, rhombische Spieße bei langsamer Krystallisation aus Alkohol-Äther; Herr Dr. Fock konnte zufolge seiner krystallographischen Untersuchung feststellen, daß das „α-Chlorid“ mit dem „α-Bromid“ und „α-Jodid“ isomorph ist:

Krystallsystem: rhombisch (isomorph mit dem Jodid und Bromid).

Beobachtete Formen: $b = \{010\} \infty \breve{P} \infty$ und $r = \{100\} \bar{P} \infty$.

Die trüben Krystalle sind blätterförmig nach dem Pinakoïd $b\{010\}$ und etwa bis zu 4 mm lang bezw. breit und $^1/_5$ mm dick. Die Randflächen $r\{101\}$ waren nicht meßbar; es wurde deshalb der ebene Winkel auf dem Pinakoïd $b\{010\}$ mit Hilfe des Mikroskopes bestimmt.

Beobachtet

$r : r = (101) : (\bar{1}01) =$ ca. 73°.

Spaltbarkeit nicht beobachtet.

Ebene der optischen Axen $= \{001\}$.

Erste Mittellinie = Axe b.

$2E =$ ca. 100° (nach Schätzung).

Die Dispersion der Axen ist bei der trüben und unvollkommenen Beschaffenheit des Materials nicht zu erkennen.

Das „α-Chlorid“ ist in den meisten Solventien ziemlich leicht löslich, in Äther und Ligroïn aber unlöslich. In kaltem Wasser ist es ebenfalls spielend leicht löslich; über die Vorgänge, welche sich in kochender wässeriger Lösung abspielen, soll im dritten Kapitel gelegentlich der Versuche zur Aktivierung von asymmetrischen Stickstoffverbindungen berichtet werden; dort finden sich auch Angaben über die elektrische Leitfähigkeit der Lösung.

Die kalte, wässerige Lösung des „α-Chlorids" giebt mit Platinchlorid, Goldchlorid und Quecksilberchlorid charakteristische Niederschläge:

Das α-Phenylmethylallylbenzylammoniumchloroplatinat fällt als sehr schwerlöslicher, gelblichweißer Niederschlag aus, von dem nur ein Teil durch Auskochen mit sehr viel Wasser in kleinen, unansehnlichen Nadeln erhalten werden kann; frisch gefällt bildet es ein amorphes Pulver, das bei 162—163° schmilzt. Die Analyse des Rohproduktes ergab folgende Resultate:

Berechnet für $2(C_{17}H_{20}N)PtCl_6$:		Gefunden:
Pt	21,7 %	22,8 %.

Das α-Phenylmethylallylbenzylammoniumchloroaurat ist dem Chloroplatinat durchaus ähnlich; es bildet ein gelbliches, amorphes Pulver, das nur aus sehr viel siedendem Wasser in kleinen, gelben Nadeln erhalten werden kann; es schmilzt zwischen 90 und 94°. Das Quecksilberchloriddoppelsalz bildet ein weißes, schwer lösliches Pulver.

Versuche zur Darstellung von Salzen der „α-Ammoniumbase" mit organischen Säuren sollen im nächsten Kapitel erwähnt werden.

β-Phenylmethylallylbenzylammoniumchlorid $C_{20}H_{17}NCl$.

Aus 1 g „β-Jodid" wurde, wie oben, mittels Silberoxyd die freie asymmetrische Ammoniumbase dargestellt, nach dem Ansäuern mit Salzsäure wurde die Lösung des erhaltenen Chlorids im Vakuum abdestilliert, der Rückstand in Alkohol aufgenommen und langsam mit Äther gefällt. Nach tagelangem Stehen unter zeitweiligem Zusatz von Äther haben sich kleine, glänzende Prismen ausgeschieden, die, an den Wandungen des Gefäßes haftend, direkt mit Äther abgewaschen und durch Abkratzen auf einem Uhrglase gesammelt werden. Das „β-Chlorid" schmilzt bezw. zersetzt sich zwischen 113—116° (Zersetzungspunkt des „α-Chlorids" 152—154°), etwas oberhalb dieser Temperatur wird der Schmelzfluß rötlich, dann schmutzig braun. Die krystallographische Untersuchung des Salzes steht noch aus: aus derselben wird sich ergeben, ob es mit dem „β-Bromid“ oder „β-Jodid“ isomorph ist.

Sehr charakteristisch sind die Doppelsalze des „β-Chlorids“ mit Platinchlorid und Goldchlorid: sie sind etwas leichter löslich, als diejenigen der „α-Reihe“ und zeichnen sich durch hervorragende Krystallisationsfähigkeit aus.

Das β-Phenylmethylallylbenzylammoniumchloroplatinat fällt als gelblichweißer Niederschlag aus, der sich in viel siedendem Wasser löst, um beim Erkalten in langen, bräunlichgelben Nadeln auszukrystallisieren. Zersetzungspunkt 198—199° unter Grünfärbung.

Das β-Phenylmethylallylbenzylammoniumchloroaurat fällt als gelblicher Niederschlag aus, der sich ebenfalls in viel kochendem Wasser löst. Beim Erkalten krystallisieren zolllange, goldgelbe Nadeln aus. Sintert ab 102°, schmilzt bei 105—107° und zersetzt sich unter Grünfärbung gegen 180°.

Von besonderer Wichtigkeit ist, daß es gelang, das charakteristische Chloroaurat sowohl aus dem „β-Chlorid“, als indirekt aus dem „β-Bromid“ über die Ammoniumbase hinweg darzustellen:

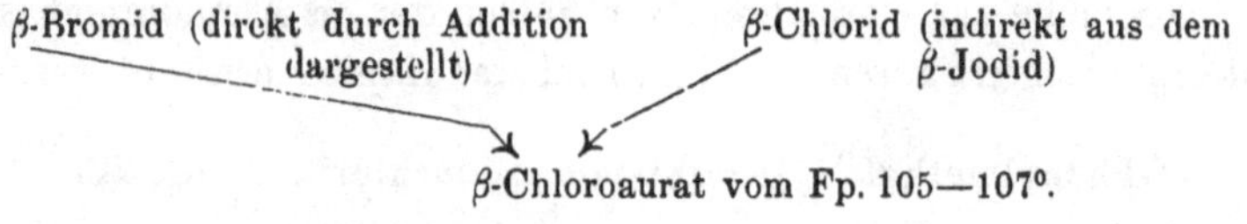

Hierdurch ist der genetische Zusammenhang der Salze der „β-Reihe“ sicher gestellt.

Bei den schlechten Ausbeuten an „β-Jodid“ war es leider nicht möglich, auch Salze der „β-Ammoniumbase“ mit organischen, namentlich mit optisch-aktiven Säuren darzustellen.

Nachdem sich, wie aus dem Dargelegten erhellt, die Annahme bestätigt hatte, daß durch Ersatz des Äthyls im Phenyläthylallylbenzylammoniumjodid durch Methyl drei Kombinationen (zwei Isomere) durchgeführt werden können, lag es nahe, ein weiteres Radikal zu vermindern, um die Grenze der Isomeriemöglichkeit kennen zu lernen; es wurde daher das Radikal $CH_2—C_6H_5$ durch $CH_2—CH_3$ ersetzt:

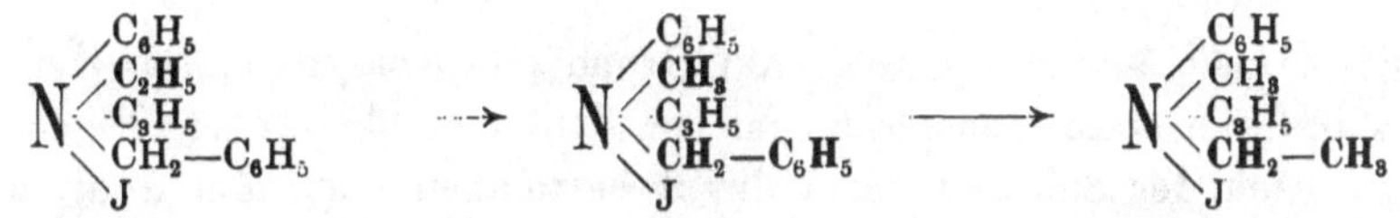

an der Grenze der Raumerfüllung; nur eine krystallisierte Kombination darstellbar; — drei Kombinationen, zwei Isomere. Permutation nur von benachbarten Radikalen; — ?

Es wurden zu diesem Zwecke folgende Kombinationen durchgeführt:

1) Methyläthylanilin + Jodallyl: 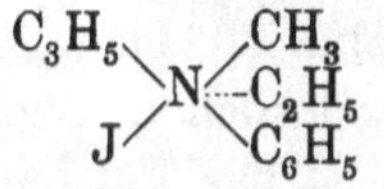 (δ);

2) Allyläthylanilin + Jodmethyl: 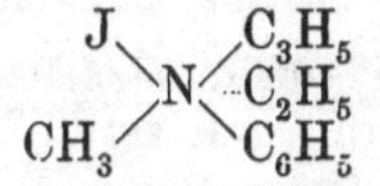 (ε);

3) Allylmethylanilin + Jodäthyl: 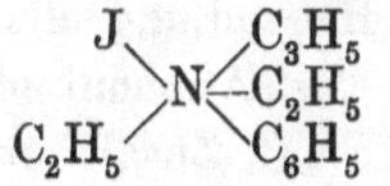 (η).

Das Ergebnis war, daß ein Unterschied in den drei Additionsprodukten nur während der Bildung und in den verschiedenen Reaktionsgeschwindigkeiten zu beobachten ist; nach der Aufarbeitung ist nur eine räumlich begünstigte Kombination vorhanden.

Letztere liegt ohne weiteres vor in der „δ-Kombination", welche direkt krystallisiert und daher ihrem früher besprochenen Homologen („α-Jodid") in jeder Beziehung entspricht; in diese gehen die beiden anderen (öligen) Kombinationen (ε und η) durch geringe mechanische Einflüsse über.

δ-Phenylmethylallyläthylammoniumjodid $C_{12}H_{18}NJ + CHCl_3$.

Eine Mischung von 9,8 g Methyläthylanilin und 12,1 g Allyljodid trübt sich in kurzer Zeit unter Ausscheidung eines krystallinischen Produktes, das in 1—2 Tagen das Gefäß vollständig erfüllt. Die Krystalle werden in mäßig warmem Chloroform gelöst, worauf sich nach einiger Zeit prächtig-glänzende Tafeln des rhombischen Systems ausscheiden, die sich auf Zusatz von Benzol vermehren.

Das „δ-Jodid“ enthält auf Grund der Analyse 1 Mol. Krystall-Chloroform, das sich infolge der hygroskopischen Eigenschaften der Substanz nicht direkt bestimmen ließ. Zur Analyse wurde kurze Zeit im Exsiccator getrocknet:

I. 0,2016 g Substanz: 4,7 ccm $^1/_{10}$-Normal-Silbernitrat.
II. 0,25 g „ : 6,0 ccm $^1/_{10}$- „ „

Berechnet für $C_{12}H_{12}NJ + CHCl_3$:		Gefunden:	
		I.	II.
J	30,12 %	29,91	30,48 %.

Das Jodid ist leicht löslich in Alkohol, Wasser und Chloroform, schwer löslich in Ligroïn, Benzol und Äther; beim Kochen mit Wasser ist das Entweichen des Krystall-Chloroforms am Geruch zu erkennen. Hygroskopisch, die Krystalle werden an der Luft bald trüb und zerfließlich. Fp.: 75—80°.

Durch Behandlung der wässerigen Lösung mit Silberoxyd erhält man die Ammoniumbase, deren Lösung, mit Salzsäure neutralisiert, auf Zusatz von Platinchlorid ein schönes Chloroplatinat fallen läßt, das aus viel siedendem Wasser in langen, rötlich-gelben Nadeln anschießt, die bei 181—182° schmelzen.

Analyse: 0,1412 g Substanz: 4,8 ccm N (21°, 765 mm).

Berechnet für $C_{24}H_{36}N_2PtCl_6$:		Gefunden:
N	3,7 %	3,89 %.

Das Chloroaurat bildet aus siedendem Wasser ebenfalls schöne gelbe Krystalle.

ε-Phenylmethylallyläthylammoniumjodid $C_{12}H_{18}NJ + CHCl_3$.

Eine Mischung von 8 g Allyläthylanilin und 7,1 g Jodmethyl scheidet erst nach mehreren Tagen einen hellen, öligen Niederschlag aus, der nicht ohne weiteres zur Krystallisation zu bringen ist und in diesem Zustande die labile „ε-Kombination“ darstellt. Reibt man aber das klare, dicke Ol nach wiederholtem Auswaschen mit Äther mit einem scharfen Spatel kräftig an, bringt es hierauf in einem Exsiccator und reibt noch einige Zeit mit wenig kaltem Chloroform an, so verwandelt es sich plötzlich in ein glitzerndes, krystallinisches Pulver, das, aus warmem Chloroform umkrystallisiert, die schönen, charakteristischen Tafeln der „δ-Kombination“ zeigt; es schmilzt bei 75—80° und enthält ebenfalls ein Molekül Krystall-Chloroform.

Analyse: 0,179 g Substanz: 4,3 ccm $^1/_{10}$-Normal-Silbernitrat.

Berechnet für $C_{12}H_{18}NJ + CHCl_3$:		Gefunden:
J	30,12 %	30,5 %.

Das Jodid läßt sich in wässeriger Lösung nach den oben gemachten Angaben in dasselbe Chloroplatinat verwandeln, welches aus dem „δ-Salz“ erhalten wurde.

Fp.: 182—185°; es wird zur Analyse bei 100° getrocknet:

0,1669 g Substanz: 6,0 ccm N (18°, 758 mm).

Berechnet für $C_{24}H_{36}N_2PtCl_6$:		Gefunden:
N	3,7 %	4,14 %.

Die krystallographische Untersuchung des nach den beiden erwähnten Methoden gewonnenen Chloroplatinats hat die Identität der Salze bestätigt:

„Die beiden Präparate (δ und ε) bestehen aus feinen Prismen, die bis zu 4 mm lang und $^1/_5$ mm dick sind und sich nach jeglicher Richtung hin als identisch erweisen. Der Prismenwinkel beträgt 84° 30′ und die Auslöschungsrichtungen des Lichtes liegen parallel und senkrecht zu den Kanten.

Da weitere Formen als das Prisma nicht aufgefunden werden konnten, so bleibt es zweifelhaft, ob die Krystalle rhombisch sind oder monoklin und nach der Symmetrieaxe verlängert.“

η-Phenylmethylallyläthylammoniumjodid $C_{12}H_{18}NJ + CHCl_3$.

Ein Gemisch von 7,3 g Allylmethylanilin und 7,8 g Äthyljodid liefert erst nach mehreren Tagen eine geringe Menge eines öligen Niederschlages, welcher aber durch Anreiben mit Chloroform und Umkrystallisieren unschwer in die schönen Krystalle der „δ-(ε-)Kombination“ verwandelt werden konnte; dieselben schmilzen bei 75—78° (im zugeschmolzenen Rohre).

Analyse: 0,2772 g Substanz: 6,6 ccm $^1/_{10}$-Normal-Silbernitrat.

Berechnet für $C_{12}H_{18}NJ + CHCl_3$:	Gefunden:
J 30,12 %	30,24 %.

Das Salz zeigt alle Eigenschaften der beiden beschriebenen Kombinationen: die ausführliche krystallographische Prüfung hat diese Thatsache vollständig bestätigt. Herr Dr. FOCK teilt über dieselbe freundlichst folgendes mit:

Krystallsystem: rhombisch, sphenoïdisch-hemiëdrisch.

$$a:b:c = 0{,}9115:1:0{,}7208.$$

Beobachtete Formen: $m = \{110\}\infty P$, $q = \{011\}\breve{P}\infty$ und $o = k\{111\}\frac{P}{2}$.

Die drei Präparate von verschiedener Herkunft (δ, ε und η) erwiesen sich als völlig identisch. Die stark hygroskopischen und deshalb schwer meßbaren Krystalle sind meist kurz prismatisch nach der Vertikalaxe und etwa bis zu 8 mm groß. Vielfach herrscht wohl auch die Form $q\{011\}$ vor, oder eine Fläche von $q\{011\}$ und eine Fläche von $m\{110\}$, so daß die Individuen eine verzerrte Ausbildung erhalten. Die Form $o\{111\}$ tritt an den allseitig ausgebildeten Krystallen stets nur mit der Hälfte der Flächen auf, so daß auf Hemiëdrie zu schließen ist.

	Beobachtet	Berechnet
$m:m = (110):(1\bar{1}0)$	= 84° 42′	—
$q:q = (011):(0\bar{1}1)$	= 71° 34′	—
$q:m = (011):(110)$	= 66° 45′	66° 48′
$o:m = (111):(110)$	= 42° 55′	43° 4′
$o:m = (111):(1\bar{1}0)$	= 86° 10′	86° 8′
$o:q = (111):(011)$	= 32° 28′	32° 41′
$o:q = (111):(0\bar{1}1)$	= 74° 50′	74° 34′

Spaltbarkeit nicht beobachtet.

Ebene der optischen Axen = {001}.

Erste Mittellinie = Axe a.

Durch die Prismenflächen tritt je eine optische Axe aus, und zwar am Rande des Gesichtsfeldes in der Richtung zur Axe a.

Hier liegt demnach der zweite[1] Fall vor, in welchem eine asymmetrische Stickstoffverbindung hemiëdrische Flächen aufweist.

Es ergiebt sich somit aus diesen experimentellen Daten, daß der Ersatz von Benzyl durch Äthyl eine derartige Bewegungsfreiheit der Atomgruppen hervorruft, daß nur eine stabile Form (δ) existiert, in welche die zuerst entstehenden labilen Formen durch Permutation übergehen.

Ich möchte in der Thatsache, daß das Phenylmethylallyläthylammoniumjodid stets mit einem Molekül Krystall-Chloroform krystallisiert, ein Anzeichen für die „Raumbequemlichkeit" um das Stickstoffatom in diesem System erblicken.

Nachdem sich auf Grund des Dargelegten bei vollständig asymmetrischen, aromatischen Basen eine gewisse Gesetzmäßigkeit in der Isomeriefrage ergeben hatte, lag es nahe, dieselbe auf ringförmige Verbindungen zu übertragen, in welchen zwei Valenzen durch die Ringebene von vornherein festgelegt sind; in Betracht kamen zunächst quaternäre Piperidiniumsalze, da in dieser Richtung bereits Versuche vorlagen. So war es denkbar, daß das Äthylpropylpiperidiniumjodid $C_5H_{10}N\begin{cases}C_2H_5\\C_3H_7\\J\end{cases}$ DE BRERETON EVANS' (siehe Einleitung) noch zu kleine, der Permutation fähige Radikale besitzt, welche etwa auftretende Stereoisomerie beim Umkrystallisieren wieder zum Verschwinden bringen. Es wurden daher möglichst große, der Art nach ganz verschiedene Radikale in wechselnder Reihenfolge eingeführt, und zwar auf Grund einer im vierten Kapitel näher zu beschreibenden Methode: durch Addition von Halogenessigestern an N-Alkylpiperidine.

Als tertiäre Basen fungierten einerseits Benzylpiperidin, andererseits Piperidoessigsäureäthylester; es wurden kombiniert:

1) Jodessigsäureäthylester mit Benzylpiperidin (α),

2) Benzyljodid mit Piperidoessigsäureäthylester (β),

entsprechend folgendem Schema:

---

[1] Der erste Fall war das „β-Bromid" (S. 48).

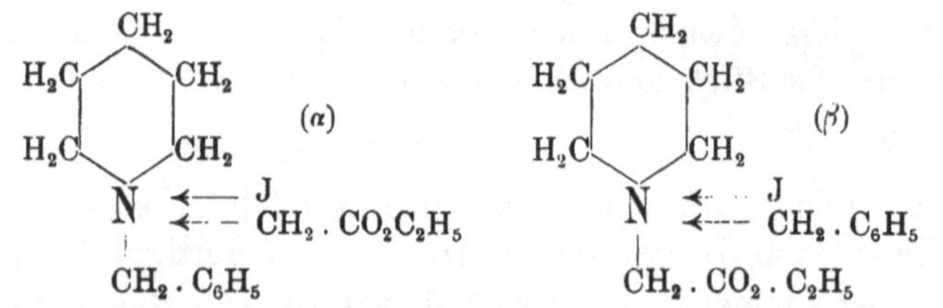

Der Vergleich der beiden Kombinationen ergab, daß, trotzdem alle Operationen in der Kälte und unter Ausschluß von hydroxylhaltigen Lösungsmitteln vorgenommen wurden, der Schmelzpunkt derselbe ist. Der äußere Habitus erscheint zwar auf den ersten Anblick verschieden, da einerseits Tafeln, andererseits Prismen beobachtet werden können; die krystallographische Untersuchung ergab aber, daß in beiden Fällen identische Krystalle des monoklinen Systems vorliegen.

α-Benzylpiperidiniumjodidessigsäureäthylester $C_{16}H_{24}NJO_2$.

10 g Benzylpiperidin (Sdp. 240—245°) werden mit 12,2 g Jodessigsäureäthylester gemischt: in kurzer Zeit entsteht ein kompakter Krystallbrei, der auf Thon ausgepreßt wird und einige Male aus Alkohol-Äther oder Chloroform-Benzol umkrystallisiert wird: nach dem Trocknen erhält man ein Magma von farblosen Täfelchen, die bei 193—194° unter Zersetzung schmelzen.

Analyse: 0,2063 g Substanz: 5,25 ccm $^1/_{10}$-Normal-Silbernitrat.

Berechnet für $C_{16}H_{24}NJO_2$:	Gefunden:
J 32,64 %	32,32 %.

Zur krystallographischen Untersuchung wurden Krystalle aus kalt bereiteter chloroformischer Lösung durch vorsichtigen Zusatz von Aceton gezüchtet. Auch aus Alkohol oder Wasser erhält man kleine, wohlausgebildete Tafeln, die aber bei weiterem Umkrystallisieren teilweise einen prismatischen Habitus annehmen.

β-Benzylpiperidiniumjodidessigsäureäthylester $C_{16}H_{24}NJO_2$.

6,8 g Piperidoessigsäureäthylester (Sdp. 210—215°) und 5,8 g Benzyljodid erstarren beim Zusammenmischen sofort zu einem gelblichen Krystallkuchen, der, wie bei der „α-Kombination“, aufgearbeitet wird: aus Chloroform-Benzol oder Chloroform-Aceton erhält man durchweg prismatische Nadeln, die nach dem Trocknen bei 193—194° schmelzen.

Analyse: 0,2124 g Substanz: 5,4 ccm $^1/_{10}$-Normal-Silbernitrat.

Berechnet für $C_{16}H_{24}NJO_2$:	Gefunden:
J 32,64 %	32,28 %.

Leicht löslich in warmem Alkohol oder Wasser, und daraus langsam krystallisierend.

Für die krystallographische Untersuchung, die ich wiederum Herrn Dr. Fock verdanke, kamen aus Chloroform-Aceton gewonnene Krystalle zur Beobachtung; die Kombinationen „α“ und „β“ liessen keine Unterschiede erkennen, weder in den Winkeln noch in dem optischen Verhalten:

Krystallsystem: monoklin.

$a:b:c = 1,6160:1:0,8215.$

$\beta = 84^0 11'.$

Beobachtete Formen: $a = \{100\} \infty P\infty$, $b = \{010\} \infty P\infty$, $c = \{001\} o P$, $r = \{\bar{1}01\} + P\infty$, $m = \{110\} \infty P$ und $n = \{120\} \infty P2$.

Die farblosen Krystalle sind teils prismatisch nach der Vertikalaxe, teils auch mehr tafelförmig nach dem Pinakoïd $a\{100\}$ und etwa bis zu 4 mm lang, 1 mm breit und $^1/_2$ mm dick. Von den Formen der Prismenzone erscheinen regelmäßig allein $a\{100\}$ und $b\{010\}$; die Prismen $m\{110\}$ und $n\{120\}$ treten nur an wenigen Individuen in minimaler Ausdehnung auf. Als Endfläche ist $r\{\bar{1}01\}$ vorherrschend. Zwillinge nach $c\{001\}$ recht häufig.

	Beobachtet	Berechnet
$a:c = (100):(001) =$	$84^0 11'$	—
$a:r = (\bar{1}00):(\bar{1}01) =$	$67^0 45'$	—
$b:m = (010):(110) =$	$31^0 53'$	—
$b:n = (010):(120) =$	$17^0 16'$	$17^0 17'$
$r:m = (\bar{1}01):(\bar{1}10) =$	$78^0 80'$	$78^0 28'$
$c:m = (001):(110) =$	—	$86^0 56'$

Spaltbarkeit nicht beobachtet.

Ebene der optischen Axen = Symmetrieebene.

Auslöschungsrichtung des Lichtes auf $b\{010\}$ ca. 4—5° gegen die Vertikalaxe im spitzen Winkel β geneigt.

Durch das Pinakoïd $a\{100\}$ gesehen machen sich die optischen Axen am äußersten Rande des Gesichtsfeldes bemerkbar.

Zur weiteren Bestätigung dieser Resultate wurden in analoger Weise der Benzylpiperidiniumbromidessigsäureäthylester auf zwei Wegen bereitet:

α) 3,5 g Benzylpiperidin und 3,3 g Bromessigsäureäthylester addieren sich innerhalb 12—15 St. zu einem farblosen Krystallkuchen, der aus Chloroform-Benzol umkrystallisiert wird; die zuerst glänzenden Krystalle werden beim Trocknen undurchsichtig; Fp. 193—194°.

Analyse: 0,17 g Substanz: 7,0 ccm N (18°, 766 mm).

Berechnet für $C_{16}H_{24}O_2NBr$:	Gefunden:
N 4,09 %	4,7 %.

β) Ein Gemisch von Piperidoessigsäureäthylester (7,4 g) und Benzylbromid (4,9 g) wird über Nacht fest und pulverisirbar: Schmelzpunkt des Rohproduktes: 189—190°.

Zur Analyse wird ebenfalls aus Chloroform-Benzol umkrystallisiert:

0,1531 g Substanz: 8,5 ccm N (20°, 766 mm).

Berechnet für $C_{16}H_{24}O_2NBr$:	Gefunden:
N 4,09 %	4,8 %.

Die beiden so gewonnenen Präparate verhalten sich nach vollkommener Reinigung in jeder Beziehung gleich.

Ähnliche Resultate ergaben sich bei der Darstellung des Benzylpiperidiniumbromidessigsäuremethylesters:

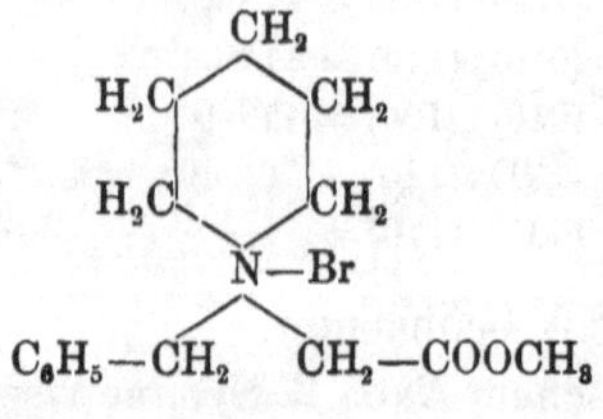

Derselbe zeigte jedoch nicht die erhoffte größere Krystallisationsfähigkeit.

Der hierzu erforderliche Piperidoessigsäuremethylester wurde durch langsames Vermischen der Benzollösungen von 50 g Piperidin mit 31,9 g Chloressigsäuremethylester dargestellt; nach erfolgter Ausscheidung des Piperidinchlorhydrats wurde noch 5 Min. auf dem Wasserbade erwärmt, das Chlorhydrat abfiltriert und mit Benzol gewaschen.

Nach dem Abtreiben des Benzols im Filtrat wurde dreimal rektifiziert.

Der Piperidoessigsäuremethylester bildet ein wasserklares, basisch riechendes Öl, das von 205—207° konstant siedet.

Analyse: 0,1592 g Substanz: 11,1 ccm N (17°, 774 mm).

Berechnet für $C_8H_{15}NO_2$:		Gefunden:
N	8,91 %	8,24 %.

Eine Mischung von 6,7 g Methylester und 7,5 g Benzylbromid wird in kurzer Zeit fest: der Krystallkuchen wird aus Chloroform umkrystallisiert und im Exsiccator getrocknet. Fp. 193—194°.

Analyse: 0,2966 g Substanz: 8,9 ccm $^1/_{10}$-Normal-Silbernitrat.

Berechnet für $C_{15}H_{22}O_2NBr$:		Gefunden:
Br	24,39 %	24,01 %.

Genau dieselben Eigenschaften zeigt das Produkt aus Benzylpiperidin und Bromessigsäuremethylester.

Gelegentlich dieser Versuchsreihe waren zu orientierenden Zwecken auch andere quaternäre Piperidiniumsalze dargestellt worden, z. B. das Benzylallylpiperidiniumbromid

$$C_5H_{10}N \begin{cases} CH_2-C_6H_5 \\ C_3H_5 \\ Br \end{cases}$$

durch Vermischen von 13,9 g Benzylpiperidin mit 9,6 g Allylbromid: zuerst bildet sich etwas Schmiere, dann Krystalle und in 5—6 Tagen ist alles fest geworden. Rohausbeute fast 21 g. Durch Krystallisation aus Aceton-Äther oder Alkohol-Äther erhält man schöne farblose Prismen, die bei 161° schmelzen.

Analyse: 0,4408 g Substanz: 14,93 ccm $^1/_{10}$-Normal-Silbernitrat.

Berechnet für $C_{15}H_{22}BrN$:		Gefunden:
N	27,02 %	27,09 %.

Auf den umgekehrten Darstellungsweg: Addition von Benzylbromid an Allylpiperidin konnte nach den geschilderten Ergebnissen verzichtet werden.

Es konnte jedoch bei dieser Gelegenheit festgestellt werden, daß die Gewinnung von Allylpiperidin, wie MENSCHUTKIN[1] schon entgegen LADENBURG's negativen Versuchen angegeben hat, nur möglich ist, wenn man zwei Moleküle Piperidin auf ein Molekül Allylbromid erwirken läßt.

Denn auch beim Zusammenwirken von 1 Molekül Base mit 1 Molekül Allylbromid erhält man bromwasserstoffsaures Piperidin vom Fp. 235° (synthet. Piperidinbromhydrat schmilzt bei 235 bis 236°). Im Filtrat des Salzes befindet sich nun eine Mischung von Allylpiperidin mit Allylbromid, welche beim Destillieren sich unter Rauchentwickelung zersetzt.

Nur erwähnt als weitere Beiträge zur erörterten Frage seien die Kombinationen von Piperidoessigsäureäthylester mit Isopropyljodid (I) und von Isopropylpiperidin (Sdp. 148—152°) mit Jodessigsäureäthylester (II), die eine außerordentlich verschiedene Reaktionsgeschwindigkeit zeigen: während (I) nach wochenlangem Stehen nur eine geringe Menge gelben Syrups bildet, verbindet sich (II) in kurzer Zeit fast quantitativ; wiederum ein Beispiel für den verschiedenartigen Einfluß der Stellung einer Kette.

Das Ausbleiben von Stickstoff-Stereoisomerie bei hochmolekularen Piperidiniumsalzen steht im Einklang mit den erwähnten früheren Beobachtungen MENSCHUTKIN's und EVAN's; auch bei Vermeidung von Wärme und hydroxylhaltigen Lösungsmitteln kann eine wirkliche Isomerie nicht beobachtet werden, sondern nur eine vorübergehende Verschiedenheit im Habitus.

Da die Ursache dieser Erscheinung jedenfalls in der symmetrischen Konstitution des Piperidinringes zu suchen ist, trotzdem derselbe — am Modell betrachtet — nicht in einer Ebene liegt, so wurde an seiner Stelle der an sich schon unsymmetrische Tetrahydrochinolinring eingeführt.

Als Beobachtungsmaterial dienten zunächst die Kombinationen

[1] Zeitschr. f. physik. Chemie **17**, 227.

von Methyltetrahydrochinolin mit Allyljodid (I) und von Allyltetrahydrochinolin mit Methyljodid (II), entsprechend dem Schema:

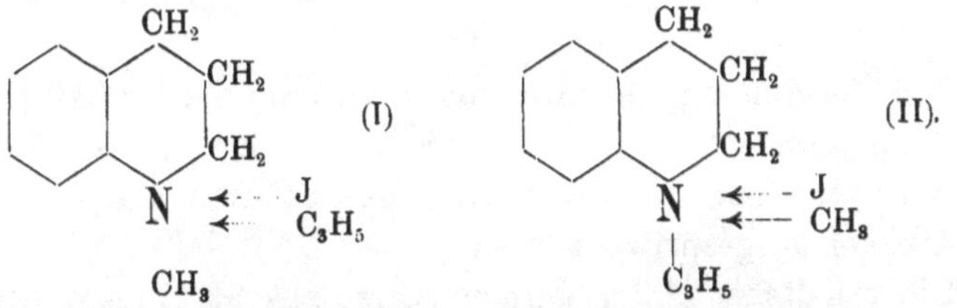

1. Eine Mischung von 1,8 g Methyltetrahydrochinolin und 2 g Allyljodid bildet zuerst ein dickes Öl, das in wenigen Stunden krystallinisch wird und nach dem völligen Erstarren auf Thon ausgepreßt wird. Nach dem Ausspritzen mit Alkohol und etwas Äther hinterbleibt ein hellgelbes Pulver (1,5 g), das zuerst aus verdünntem Alkohol, dann aus wenig heißem Wasser umkrystallisiert wird. Das Allylmethyltetrahydrochinoliniumjodid bildet durchsichtige, gelbliche Prismen, die bei 143° schmelzen.

Analyse: 0,1258 g Substanz: 3,92 ccm $^1/_{10}$-Normal Silbernitrat.

Berechnet für $C_{13}H_{18}NJ$:	Gefunden:
J 40,04 %	39,57 %.

Das Jodid ist leicht löslich in warmem Alkohol, Wasser und Chloroform.

II. Zur Ausführung der zweiten Kombination mußte das bisher nicht beschriebene Allyltetrahydrochinolin gewonnen werden. Dies geschieht entweder durch Einwirkung von Allyljodid auf Tetrahydrochinolin oder durch Reduktion von Chinolinjodallylat.

Nach der ersten Methode werden 5,5 g Base mit 6,9 g Allyljodid unter guter Kühlung zusammengebracht, das gebildete Salz mit Kalilauge zerlegt und das unter Zugabe von Äther abgehobene Öl nach dem Trocknen mehrmals rektifiziert (Sdp. 255—260°).

Mühsamer, aber in reinerem Zustande gewinnt man die tertiäre Base durch Reduktion des Chinolinjodallylats mit Zinn und conc. Salzsäure nach dem für die Darstellung des Kairolins üblichen Verfahren; bei der Herstellung des Chinolinjodallylats, welches prächtige, gelbe Krystalle aus Alkohol bildet, muß gut gekühlt werden. Das reine Allyltetrahydrochinolin ist eine hellgelbe Flüssigkeit, die bei 264—266° (755 mm) siedet.

Analyse: 0,1506 g Substanz: 10,7 ccm N (12°, 760 mm).

Berechnet für $C_{12}H_{15}N$:	Gefunden:
N 8,09 %	8,43 %.

Die Ausbeute ist mangelhaft.

Zur Gewinnung des Additionsproduktes werden 3,4 g Base und 2,8 g Jodmethyl 30 St. sich selbst überlassen; es bildet sich erst ein Syrup und dann Krystalle, die auf Thon ausgepreßt und mit Alkohol ausgespritzt werden.

Die erhaltenen 2,2 g werden zuerst aus 96 %igem Alkohol, dann aus 50 %igem und schließlich langsam aus viel Wasser umkrystallisiert: man erhält durchweg prachtvolle, hellgelbe Tafeln, die nach dem Trocknen bei 143° (siehe I) schmelzen und dieselbe chemische Zusammensetzung wie (I) besitzen. Die genaue krystallographische Untersuchung hat ergeben, dass die nach (I) und (II) erhaltenen Präparate auch in dieser Hinsicht identisch sind:

Krystallsystem: monoklin.

$a:b:c = 0{,}6677:1:0{,}4957.$

$\beta = 70^0\ 28\tfrac{1}{2}'.$

Beobachtete Formen: $b = \{010\}\infty P\infty$, $m = \{110\}\infty P$, $q = \{011\}P\infty$, $n = \{120\}\infty P2$, $l = \{021\}2P\infty$ und $o = \{\bar{1}11\} + P$.

Die Krystalle sind teils kurz prismatisch nach der Vertikalaxe, teils mehr tafelförmig nach der Symmetrieebene oder einer Fläche des Prismas $m\{110\}$ und zeigen Dimensionen bis zu 4 mm. Von den angegebenen Formen treten $n\{120\}$, $l\{021\}$ und $o\{111\}$ nur untergeordnet auf; letztere Form fehlt vielfach auch ganz. Irgend welche Anzeichen, die auf Hemiëdrie oder Hemimorphie hinweisen, konnten nicht aufgefunden werden.

	Beobachtet	Berechnet
$m:m = (110):(1\bar{1}0)$ =	64° 23′	—
$q:q = (011):(0\bar{1}1)$ =	50° 5′	—
$m:q = (110):(011)$ =	61° 12′	—
$m:q = (\bar{1}10):(011)$ =	91° 47′	91° 46′
$b:n = (010):(120)$ =	38° 12′	38° 28′
$b:l = (010):(021)$ =	47° 10′	46° 57′
$n:l = (120):(021)$ =	—	46° 39′
$n:l = (\bar{1}20):(021)$ =	67° 30′	67° 30½′
$m:l = (110):(021)$ =	55° 19′	55° 14′
$m:l = (\bar{1}10):(021)$ =	—	80° 24′

	Beobachtet	Berechnet
$n : q = (120):(011)$ =	$58^{0}\ 45'$	$58^{0}\ 41'$
$n : q = (\bar{1}20):(011)$ =	$81^{0}\ 30'$	$81^{0}\ 47'$
$o : b = (\bar{1}11):(010)$ =	$65^{0}\ 38'$	$65^{0}\ 32\frac{1}{2}'$
$o : m = (\bar{1}11):(\bar{1}10)$ =	$58^{0}\ 30'$	$58^{0}\ 13'$
$o : m = (\bar{1}11):(\bar{1}\bar{1}1)$ =	—	$85^{0}\ 5'$
$o : n = (\bar{1}11):(\bar{1}20)$ =	$56^{0}\ 52'$	$56^{0}\ 41'$
$o : n = (\bar{1}11):(120)$ =	—	$84^{0}\ 19'$
$o : q = (\bar{1}11):(011)$ =	$38^{0}\ 37'$	$38^{0}\ 50'$
$o : q = (\bar{1}11):(0\bar{1}1)$ =	$64^{0}\ 23'$	$64^{0}\ 38'$

Spaltbarkeit vollkommen nach $b\{010\}$.

Ebene der optischen Axen senkrecht zur Symmetrieebene.

Erste Mittellinie in der Symmetrieebene und ca. 20^{0} gegen die Vertikalaxe im spitzen Winkel β geneigt.

Da somit nur ein Unterschied im Habitus der Krystalle zu beobachten war, so war es denkbar, daß entweder durch das Erwärmen mit hydroxylhaltigen Lösungsmitteln oder infolge zu geringer Größe der in Betracht kommenden Radikale Umlagerung eingetreten war. In Hinsicht auf den ersten Punkt scheinen beim Umkrystallisieren aus nichthydroxylhaltigen Lösungsmitteln Schmelzpunktsdifferenzen aufzutreten, die aber vorläufig wertlos sind, da es nicht gelang, zugleich meßbare Krystalle zu gewinnen.

Weil daher die in zweiter Linie herangezogene Ursache an Wahrscheinlichkeit gewann, wurde versucht, das leicht bewegliche „Methyl" durch „Benzyl" und das „Allyl" durch das bereits mit Vorteil verwandte Radikal „CH_2—COOR" zu ersetzen. Die Reindarstellung des erforderlichen B e n z y l t e t r a h y d r o c h i n o l i n s stieß jedoch auf Schwierigkeiten:

Durch $2^1/_2$ stündiges Erwärmen von 26,5 g Tetrahydrochinolin und 25,3 g Benzylchlorid auf 100^{0} wurde nach üblicher Aufarbeitung bei der Destillation unter 46 mm Druck eine von $215-225^{0}$ siedende Hauptfraktion erhalten, die nach abermaliger Rektifikation unter 38 mm Druck von $218-222^{0}$ siedet. Dieselbe stellt ein dickes, klares Öl dar, welches beim Stehen zu fächerartigen Nadeln erstarrt; diese werden durch Krystallisation aus absolutem Alkohol fast farblos erhalten und schmelzen bei $36-37^{0}$.

Die ausgeführten Analysen zeigen erst nach umständlicher Reinigung den theoretischen Gehalt an Kohlenstoff und Wasserstoff:

0,1106 g Substanz: 0,3476 g CO_2 und 0,476 g H_2O.

Berechnet für $C_{16}H_{17}N$:	C 86,09 %	H 7,62 %.
Gefunden:	„ 85,71 „	„ 7,81 „

Das Benzyltetrahydrochinolin zeigte zudem eine viel zu geringe Additionsfähigkeit (selbst gegen Allyljodid), um für derartige Versuche in Frage zu kommen.

Es mußte daher auf das Methyltetrahydrochinolin zurückgegriffen werden, das mit Jodessigsäureäthylester kombiniert (α) wurde, um es mit dem Additionsprodukt von Tetrahydrochinolinoessigsäureäthylester mit Methyljodid (β) zu vergleichen, entsprechend folgendem Schema:

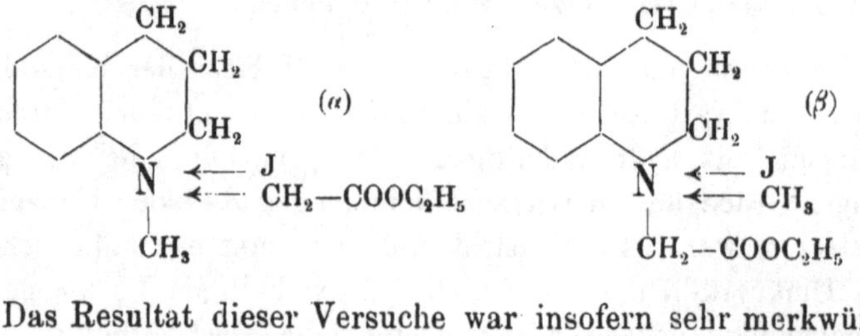

Das Resultat dieser Versuche war insofern sehr merkwürdig, als es zunächst[1] schien, als ob durch die Einführung des unsymmetrischen Tetrahydrochinolinringes an Stelle des Piperidinrestes zwei stereoisomere Verbindungen entstanden seien, von denen die eine (α) die labile Form darstellt, welche sich häufig beim Umkrystallisieren — mitunter schon bei der Darstellung — in die stabile „β-Modifikation" umwandelte.

Weitere Versuche, die mit größeren Materialmengen angestellt wurden, konnten aber keinen Zweifel mehr darüber lassen, daß bei der „α-Kombination" von vorneherein gleichzeitig zwei Körper entstehen, von denen der eine mit der aus der „β-Kombination" resultierenden Verbindung identisch ist; ob der zweite in geringerer Menge auftretende Körper wirklich ein Stereoisomeres ist, konnte bisher nicht mit Sicherheit entschieden werden, da die Analysenresultate mit den theoretischen Zahlen nicht die wünschenswerte Übereinstimmung zeigten.

[1] Vgl. E. Wedekind, Berichte d. deutsch. chem. Ges. 32, 527.

Stabiler Methyltetrahydrochinoliniumjodidessigsäureäthylester.

Der zur Gewinnung dieses Salzes erforderliche Tetrahydrochinolinoessigsäureäthylester wurde durch 5—6 stündiges Erwärmen von 40 g Tetrahydrochinolin (2 Mol.) mit 18,4 g Chloressigsäureäthylester (1 Mol.) auf 100° dargestellt; das gebildete Chlorhydrat der Base wurde zerrieben und mit warmem Äther gut gewaschen. Nach dem Abdestillieren des Äthers wurde das zurückbleibende Öl zweimal im Vakuum rektifiziert: Sdp. 180 bis 190° bei 17 mm Druck.

Analyse: 0,1435 g Substanz: 8,0 ccm N (20°, 772 mm).

Berechnet für $C_{13}H_{17}O_2N$:	Gefunden:
N 6,34 %	6,48 %.

Der Ester bildet ein fast farbloses Öl von basischen Eigenschaften.

7,4 g Ester wurden mit 4,8 g Jodmethyl gemischt, ca. 8 Tage sich selbst überlassen; es bildet sich zuerst ein öliger Bodensatz, auf welchem sich langsam ein krystallinischer Niederschlag absetzt, welcher ausgepreßt und aus warmem Aceton mehrmals umkrystallisiert wird. Die gebildeten großen, etwas gelblich gefärbten Prismen wurden im Exsiccator getrocknet. Fp. 118—119°.

Analyse: 0,204 g Substanz: 0,131 g AgJ.

Berechnet für $C_{14}H_{20}O_2NJ$:	Gefunden:
J 34,98 %	34,75 %.

Das schön krystallisierende Jodid löst sich in warmem Wasser und Alkohol, um beim Verdunsten wieder in großen Prismen zu erscheinen; durch Kochen der Lösungen wird keine Veränderung der Substanz bewirkt.

Über die krystallographischen Eigenschaften des Tetrahydrochinoliniumjodidessigsäureäthylesters teilt Herr Dr. Fock folgendes mit:

Krystallsystem: monoklin.

$$a:b:c = 1,3440:1:?$$

$$\beta = 85^\circ\,32'.$$

Beobachtete Formen: $a = \{100\}\infty P\infty$, $c = \{001\}oP$ und $m = \{110\}\infty P$.

Die Krystalle sind teils kurz prismatisch nach der Vertikalaxe, teils tafelförmig nach dem Pinakoïd $a\{100\}$ und etwa bis zu 4 mm lang, $2^1/_2$ mm breit und $1^1/_2$ mm dick.

Von den angegebenen Formen zeichnen sich die Flächen des Pinakoïds $c\{001\}$ durch höheren Glanz aus.

	Beobachtet	Berechnet
$a:c = (100):(001) =$	$85^\circ 32'$	—
$m:m = (110):(\bar{1}10) =$	$73^\circ 28'$	—
$m:c = (110):(001) =$	$87^\circ 17'$	$87^\circ 20'$

Spaltbarkeit ziemlich vollkommen nach $c\{001\}$.

Ebene der optischen Axen senkrecht zur Symmetrieebene.

Durch die Flächen des Pinakoïds $a\{100\}$ gesehen erscheinen die optischen Axen ganz am Rande des Gesichtsfeldes. Nach Schätzung ist die erste Mittellinie scheinbar ca. 50° gegen die Normale zu $a\{100\}$ im spitzen Winkel β geneigt und der Axenwinkel $2E$ beträgt etwa $65-70^\circ$.

Methyltetrahydrochinolin und Jodessigsäureäthylester.

(α-Kombination.)

19,2 g Kairolin[1] mit 27,6 g Jodessigester gemischt werden etwa 20 Stdn. sich selbst überlassen: die Mischung ist zum Teil fest geworden. Der krystallinische Teil (I) wird scharf abgezogen und auf der Pumpe ausgepreßt: das Filtrat (II) wird weiterer Einwirkung bei Zimmertemperatur überlassen. Der feste Anteil (I) wird mit kaltem Aceton gewaschen, das Filtrat (II) für sich zur Krystallisation gestellt; der gewaschene, fast farblose Rückstand wiegt nach dem Trocknen 11,8 g; letztere erfordern 210 ccm siedendes Aceton zur Lösung: beim Erkalten krystallisieren glänzende, fast farblose Krystalle von rhomboëdrischem Habitus aus, die nach dem Trocknen bei $167-169^\circ$ schmelzen. Die Mutterlaugen scheiden beim Verdunsten noch eine geringe Menge hochschmelzendes Produkt aus, das aus Wasser oder Alkohol gut krystallisiert.

Der oben erwähnte Anteil (II) ist nach einiger Zeit auch fest geworden und enthält ebenso, wie das zum Verdunsten ge-

---

[1] Sowohl durch Methylieren von Tetrahydrochinolin, als durch Reduktion von Chinolinjodmethylat dargestellt.

stellte Waschfiltrat (II) die charakteristischen Prismen der oben beschriebenen „β-Kombination“ vom Fp. 118—119°; letztere werden isoliert durch Waschen der halbfesten Rückstände mit Äther und durch Umkrystallisieren aus Alkohol oder Wasser, die Krystalle zeigen alle Eigenschaften des Additionsproduktes von Methyljodid an Tetrahydrochinolinoessigsäureäthylester.

Die primär erhaltenen Krystalle vom Fp. 167—169° gaben trotz wiederholter Reinigung Analysenresultate,[2] die mit den theoretischen Zahlen für Stickstoff und Kohlenstoff um etwa ein Prozent differieren.

Die krystallographische Prüfung ergab bemerkenswerte Unterschiede im Vergleich mit der „β-Kombination“; Herr Dr. A. Fock teilt darüber freundlichst folgendes mit:

Krystallsystem: monoklin.

$$a:b:c = 1{,}097:1:?$$

$$\beta = 75^0\,24'.$$

Beobachtete Formen: $m = \{110\}\infty P$ und $c = \{001\}\,o\,P$.

Die etwas gelblich gefärbten Krystalle haben das Aussehen von mehr oder minder verzerrten Rhomboëdern und zeigen Dimensionen bis zu 3 mm. Von den angegebenen Formen sind die Flächen des Prismas $m\{110\}$ stets stark gekrümmt; so daß die Messungsresultate recht unsicher erscheinen. Die Flächen des Pinakoïds $c\{001\}$ geben dagegen gute Spiegelbilder.

	Beobachtet
$m:m = (110):(1\bar{1}0)$	$= 93^0\,25'$
$m:\ c = (110):(001)$	$= 80^0\ \ 3'$

Spaltbar deutlich nach $c\{001\}$.

Ebene der optischen Axen = Symmetrieebene.

Durch $c\{001\}$ tritt eine optische Axe aus und zwar scheinbar um ca. 10° geneigt gegen die Normale im stumpfen Winkel β.

Die beiden gleichzeitig entstehenden Produkte gehören demnach dem monoklinen System an, mit dem Unterschiede, daß das eine $\beta = 85^0\,32'$, das andere $\beta = 75^0\,24'$ hat.

---

[1] Berechnet für $C_{14}H_{20}O_2JN$: C 46,53 H 5,52 N 3,8 %.
Gefunden: „ 45,04 „ 5,42 „ 4,8 „

Um Anhaltspunkte für die Ursachen der abnormen Zusammensetzung des Jodids vom Fp. 167—169° zu gewinnen, wurde ein analoger Vergleich mit den niederen Homologen, den Derivaten des Essigsäuremethylesters, vorgenommen, entsprechend dem Schema:

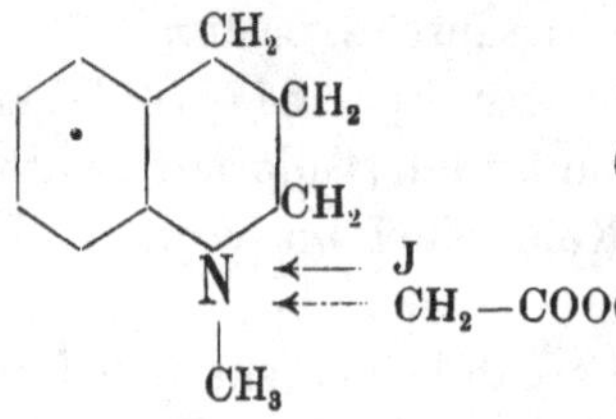

(I)

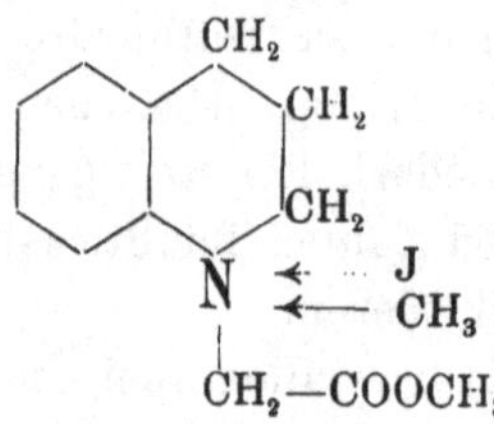

(II)

I. 12,3 g Kaïrolin und 16 g Jodessigsäuremethylester werden etwa 20 Stdn. sich selbst überlassen und in der beim Äthylesterderivat angegebenen Art aufgearbeitet. Das zuerst entstandene Reaktionsprodukt wird abgepreßt und mit Aceton gewaschen: man erhält 8,2 g eines weißen Pulvers, das auch in heißem Aceton ziemlich schwer löslich ist und daher aus warmem Alkohol umkrystallisiert wird. Die erhaltenen prismatischen Nadeln werden im Exsiccator getrocknet und zeigen einen wechselnden Zersetzungspunkt (145—155°); bei langsamer Krystallisation aus heißem Wasser präsentieren sie sich als trikline Tafeln (*a*), die in feinen farblosen Nadeln eingebettet sind; letztere stellen „feine Prismen dar, deren Auslöschungsrichtungen des Lichtes parallel und senkrecht zu den Kanten liegen", sie schmelzen etwas höher als die Tafeln. Die nur aus Alkohol umkrystallisierte Substanz enthielt 5,47 % N, während sich für das normale Produkt 4,09 % berechnet.

Das Filtrat vom primär gebildeten Reaktionsprodukt, sowie das Wasch-Aceton enthielt einen anderen Körper,[1] welcher aus Wasser in großen, gelben, scharfkantigen Tafeln (*b*) auskrystallisiert, die bei 164—166° schmelzen.

Dieselben sind, wie die krystallographische Untersuchung gelehrt hat, monoklin und daher von dem Produkt *a* total verschieden; Herr Dr. Fock teilt darüber folgendes mit.

---

[1] **Analyse: 0,161 g Substanz: 7,3 ccm N (19,5°, 764 mm).**
Berechnet für $C_{14}H_{20}NO_2J$: N 4,09 % Gefunden: N 5,2 %.

Krystallsystem: monoklin.
$a:b:c = 1{,}0262:1:1{,}2765.$
$\beta = 72^{0}\,36'.$

Beobachtete Formen: $c = \{001\}0P$, $m = \{110\}\infty P$, $o = \{\bar{1}11\} + P$ und $a = \{100\}\infty P\infty$.

Die gelblich gefärbten Krystalle sind tafelförmig nach $c\{001\}$ und etwa bis zu 6 mm lang bezw. breit und 1 mm dick. Von den Randflächen ist regelmäßig nur $m\{110\}$ vorhanden, bisweilen findet man auch $a\{100\}$ in minimaler Ausdehnung und nicht meßbarem Zustande; die Form $o\{\bar{1}11\}$ wurde nur an einem einzigen Individuum in einseitiger Ausbildung beobachtet.

	Beobachtet	Berechnet
$c:m = (001):(110) =$	$77^0\,40'$	—
$m:m = (110):(1\bar{1}0) =$	$88^0\,48'$	—
$c:\ o = (001):(\bar{1}11) =$	$69^0\,44'$	—
$o:\ o = (\bar{1}11):(\bar{1}\bar{1}1) =$	—	$84^0\,25'$

Spaltbarkeit deutlich nach $c\{001\}$ und $a\{100\}$.

Ebene der optischen Axen = Symmetrieebene.

Durch $c\{001\}$ tritt eine optische Axe aus, und zwar scheinbar um ca. 8^0 geneigt gegen die zugehörige Normale im stumpfen Winkel β.

II. Der für diese Reaktion erforderliche Tetrahydrochinolinoessigsäuremethylester wurde ebenso, wie der bereits oben erwähnte Äthylester aus 2 Mol. Tetrahydrochinolin und 1 Mol. Chloressigsäuremethylester durch 5stündiges Erwärmen auf dem Wasserbade dargestellt. Bei der ersten Destillation unter 15 mm Druck siedet die Hauptmenge von 160—190^0, bei der zweiten Rektifikation unter 13 mm Druck von 170—190^0.

Analyse: 0,1906 g Substanz: 11,8 ccm N (20^0, 774 mm).

Berechnet für $C_{12}H_{15}ON$:	Gefunden:
N 6,82 %	7,21 %.

Der Tetrahydrochinolinoessigsäuremethylester bildet im frischen Zustande ein wasserklares, schwer bewegliches Öl.

13,1 g Methylester mit 9 g Jodmethyl gemischt, werden erst nach 12—14 Tagen völlig fest; nach dem Auspressen auf Thon und zweimaliger Krystallisation aus siedendem Alkohol erhält man farblose Nadeln, die nach dem Trocknen bei 100° einen wechselnden Zersetzungspunkt zwischen 150 und 156° zeigen.

Analyse: 0,155 g Substanz: 6 ccm N (20°, 760 mm).

Berechnet für $C_{14}H_{20}NO_2J$:	Gefunden:
N 4,09 %	4,42 %.

Durch langsame Krystallisation aus heißem Wasser erhält man spitze Tafeln des triklinen Systems, welche der krystallographischen Untersuchung zufolge mit dem Produkt I*a* identisch sind:

Krystallsystem: triklin.

$a : b : c = 0,9388 : 1 : 0,7045.$

$A = 107^\circ\ 9'$ $\alpha = 101^\circ\ 5'$

$B = 112^\circ 24'$ $\beta = 108^\circ 17'$

$C = 109^\circ 30'$ $\gamma = 104^\circ 30\frac{1}{2}'.$

Beobachtete Formen: $b = \{010\} \infty \breve{P} \infty$, $a = \{100\} \infty \bar{P} \infty$, $c = \{001\} o P$, $n = \{1\bar{1}0\} \infty ,'P$, $p = \{1\bar{1}1\} 'P$ und $o = \{\bar{1}\bar{1}1\} P$.

Die farblosen Krystalle sind meist tafelförmig nach dem Pinakoïd $b\{010\}$, zum Teil auch prismatisch nach der Vertikalaxe und etwa bis zu 5 mm groß. Von den angegebenen Formen herrschen regelmäßig $b = \{010\}$, $n = \{1\bar{1}0\}$ und $o = \{\bar{1}\bar{1}1\}$ vor, die übrigen zeigen nur eine minimale Ausdehnung oder fehlen zumeist ganz.

	Beobachtet	Berechnet
$b : c = (010) : (001) =$	72° 51′	—
$b : n = (0\bar{1}0) : (1\bar{1}0) =$	58° 38′	—
$c : n = (001) : (1\bar{1}0) =$	84° 7′	—
$b : a = (010) : (100) =$	70° 30′	—
$n : p = (1\bar{1}0) : (1\bar{1}1) =$	46° 33′	—
$a : c = (100) : (001) =$	—	67° 36′
$p : b = (1\bar{1}1) : (010) =$	84° 7′	84° 2′
$o : b = (\bar{1}\bar{1}1(: (0\bar{1}0) =$	56° 58′	56° 57′
$o : c = (\bar{1}\bar{1}1) : (001) =$	64° 46′	64° 50½′
$o : n = (\bar{1}\bar{1}1) : (1\bar{1}0) =$	90° 52′	90° 56′

Spaltbarkeit ziemlich vollkommen nach $b\{010\}$ und deutlich nach $o\{\bar{1}\bar{1}1\}$.

Durch $o\{\bar{1}\bar{1}1\}$ tritt eine optische Axe aus uud zwar scheinbar ca. 25° geneigt gegen die zugehörige Normale.

Um festzustellen, daß der als Nebenprodukt auftretende Körper (I*b*) nicht etwa seine Entstehung einer geringen Verunreinigung des Kairolins mit Chinolin verdankt, wurde zum Vergleich das Additionsprodukt von Jodessigsäuremethylester (18,6 g) an Chinolin (12 g) dargestellt. Nach 24 Stdn. hat sich eine konsistente, bräunliche Gallerte gebildet, die mit kaltem Aceton verrieben wird, worauf sie fest wird und sich auf Thon abpressen läßt. Die bräunlichgelbe Masse wird aus wenig siedendem Alkohol umkrystallisiert, worauf sich beim Erkalten schöne, rotbraune Spieße ausscheiden, die zur Analyse wiederholt umgelöst und bei 100° getrocknet werden:

0,203 g Substanz: 7,3 ccm N (19°, 770 mm).

Berechnet für Gefunden:

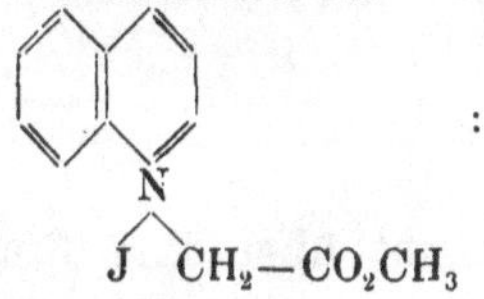

: N 3,96 % 4,18 %.

Der Zersetzungspunkt liegt bei 151—152°; der Chinoliniumjodidessigsäuremethylester löst sich in Wasser und Alkohol mit rötlichbrauner Farbe, scheint durch Alkalien verseift zu werden und ist in jeder Beziehung von dem Körper (I*b*) verschieden.

Die Ursachen der Entstehung der Nebenprodukte bei der Einwirkung von Jodessigestern auf Methyltetrahydrochinolin und die Charakterisierung derselben als selbständige Stereoisomere muß einer besonderen Untersuchung vorbehalten bleiben. Merkwürdig ist jedenfalls, daß bei Anwendung des Äthylesters das Nebenprodukt als primärer Körper auftritt, während es bei der Darstellung des Methylesterderivates den sekundären bildet.

Wenn man vorläufig von der Natur der bei der einen Kombination auftretenden Nebenerscheinungen absieht, so ergiebt sich als Resultat des ausgeführten Vergleiches, daß in dem System:

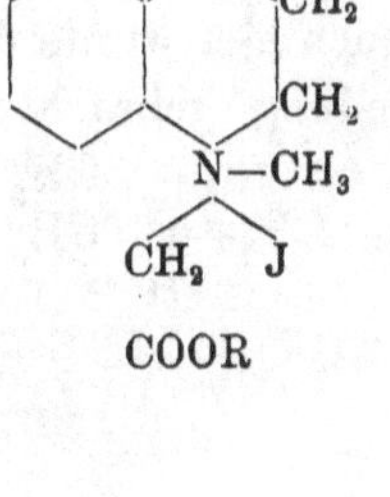

noch nicht die genügende Raumerfüllung erreicht ist, um die Existenz stabiler, stereoisomerer Formen zu ermöglichen; vielleicht äußert sich aber die schon vorhandene Asymmetrie in dem Auftreten der besprochenenen Begleiterscheinungen. Falls durch die Teilnahme einer Ringebene am System eines asymmetrischen Stickstoffatoms keine Modifikation der gewonnenen Kenntnisse über die Grenzen der Raumerfüllung eintritt, so ist anzunehmen, daß durch Einführung von größeren Radikalen an Stelle von „Methyl" die Permutationen aufhören und damit die stabile Isomerie wieder auftritt; leider konnten wegen mangelhafter Additionskraft diese Anschauungen bisher nicht in Praxis umgesetzt werden.

Schließlich sei eine kurze Übersicht über eine Reihe von Versuchen gegeben, welche bezweckten, die gewonnenen Erfahrungen für die Additionsprodukte asymmetrischer, tertiärer Benzylaminbasen zu verwerten, da sie einerseits eine größere Additionsfähigkeit als die bisher beschriebenen Basen besitzen, andererseits eine größere Variation in der Einführung von Radikalen erlauben, z. B.

$$C_6H_5 . CH_2-N\begin{matrix}\diagup x \\ y \\ + z . Hlg\end{matrix} \qquad C_6H_5 . CH_2-N\begin{matrix}\diagup x \\ z \\ + y . Hlg\end{matrix}$$

$$C_6H_5 . CH_2-N\begin{matrix}\diagup y \\ z \\ + x . Hlg\end{matrix} \qquad \left| N\begin{matrix}\diagup x \\ y \\ \diagdown z\end{matrix} + Hlg . CH_2 . C_6H_5 \right|$$

Da das umklammerte Schema eine neue, bisher nicht ausführbare Kombination darstellt, so können bei genügender Größe der Radikale x, y und z drei, vielleicht sogar vier stereoisomere Salze erwartet werden; auch hier wurde das Radikal $-CH_2-COOR$ mit Vorteil zur Verwendung gebracht und es wurde zunächst gewählt x = Isobutyl $\leftarrow CH_2-\underset{H}{C}\begin{matrix}\diagup CH_3 \\ CH_3\end{matrix}$, y = $\leftarrow CH_2-COOCH_3$ und z = C_3H_5.

Die hierzu erforderliche sekundäre Base, das

Isobutylbenzylamin $C_6H_5 . CH_2 . NH . C_4H_9$,

ist bereits bekannt[1] und durch Reduktion der entsprechenden Benzylidenverbindung $C_6H_5 . CH{=}N . C_4H_9$ mittels Natriumamalgam dargestellt worden; es war zu hoffen, zu dieser Base auf einfachere Weise durch Einwirkung von Isobutylbromid auf Benzylamin zu gelangen, in der Annahme, daß ein Radikal von der Größe des Isobutyls zunächst nur ein H der Amidogruppe substituiert.

Diese Erwartung bestätigte sich unter der Voraussetzung, daß zwei Moleküle Benzylamin mit einem Molekül Isobutylbromid in Reaktion treten unter Bildung von äquivalenten Mengen Benzylaminbromhydrat und Isobutylbenzylamin; auch beim Zusammenwirken von je 1 Mol. der Komponenten wird lediglich Benzylaminbromhydrat vom Fp. 215° gebildet.

Analyse:

Berechnet für $C_6H_5.CH_2.NH_2.HBr$:	Gefunden:
Br 42,55 %	42,8 %

Demgemäß gestaltet sich die Darstellung der sekundären Base folgendermaßen:

234 g Benzylamin (2 Mol.) und 137 g Isobutylbromid (1 Mol.) werden ca. 2 Stdn. auf dem Wasserbade erwärmt, der gebildete Krystallbrei abfiltriert und systematisch mit Äther gewaschen; nach dem Abdestillieren des Äthers wird 3—4 Mal rektifiziert, bis sich eine Hauptfraktion vom Siedeintervall[2] 217—225° gebildet hat. Ausbeute ca. 90 g.

Zur Darstellung der tertiären Base

Isobutylbenzylaminoessigsäuremethylester

$$N \begin{cases} CH_2 . C_6H_5 \\ C_4H_9 \\ CH_2 . COOCH_3 \end{cases}$$

wurden wiederum 2 Mol. sekundäre Base mit 1 Mol. Monochloressigsäuremethylester in Reaktion gebracht:

---

[1] Ann. der Chem. **245**, 288.

[2] Nach ZAUNSCHIRM Sdp. 217—220°.

60 g Isobutylbenzylamin und 20 g Chloressigsäuremethylester wurden ca. 2 Stdn. auf dem Wasserbade erwärmt; der gebildete, von Öltropfen durchsetzte Krystallbrei wurde mehrere Male mit siedendem Äther extrahiert, filtriert und gewaschen. Das so gewonnene Isobutylbenzylaminchlorhydrat wurde zweimal durch Lösen in Alkohol und Fällen mit Äther gereinigt: es schmilzt bei ca. 170°.

Analyse: 1,0 g Substanz: 49 ccm $^1/_{10}$-Normal Silbernitrat.

Berechnet für $C_4H_9NH.CH_2.C_6H_5.HCl$:	Gefunden:
Cl 17,7 %	17,4 %.

Das Salz konnte demnach zur weiteren Einwirkung in die Base zurückverwandelt werden.

Das synthetisch aus Isobutylbenzylamin und Salzsäure gewonnene Chlorhydrat zeigte dieselben Eigenschaften, wie das eben beschriebene.

Die im Filtrat von der Einwirkung enthaltene tertiäre Base wurde nach dem Abtreiben des Äthers im Vakuum destilliert: Sdp. 160—165° bei 30 mm Druck; die Ausbeute beträgt ca. 20 g.

Trotz wiederholter Reinigung ergab die Analyse einen etwas zu hohen Stickstoffgehalt:

0,1822 g Substanz: 10,8 ccm N (19°, 757 mm).

Berechnet für $C_6H_5.CH_2.N(C_4H_9)(CH_2.CO_2CH_3)$:	Gefunden:
N 5,95 %	6,78 %.

Zur Weiterverarbeitung ist aber die Base, welche keine krystallisierbaren Salze bildet, genügend rein.

α-Isobutylbenzylallylammoniumbromidessigsäuremethylester

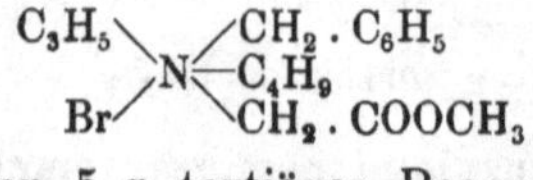

Ein Gemisch von 5 g tertiärer Base und 2,6 g Allylbromid bildet innerhalb 24 Stdn. einen krystallinischen Niederschlag, der nach dem Abpressen in Aceton gelöst und mit Äther vorsichtig gefällt wird. Die erhaltenen fast farblosen Blättchen zersetzen sich zwischen 135—138°.

Analyse: Berechnet für $C_{17}H_{26}O_2NBr$:	Gefunden:
Br 22,8 %	22,4 %.

Die Verbindung zeigt keine besondere Beständigkeit.

Zur Durchführung der zweiten Kombination (β)

$$C_6H_5 . CH_2-N\begin{matrix}\diagup x \\ z \\ +y.Hlg\end{matrix} \quad (x = \text{Isobutyl}, \; y = CH_2-CO_2CH_3, \; z = C_3H_5)$$

wurde das

Allylisobutylbenzylamin

$$N\begin{matrix}\diagup CH_2 . C_6H_5 \\ -C_4H_9 \\ \diagdown C_3H_5\end{matrix}$$

durch Einwirkung von 12 g Allylbromid auf 36 g Isobutylbenzylamin bei Wasserbadtemperatur dargestellt; der erstarrte Kolbeninhalt wurde mit Äther extrahiert und das nach dem Verdampfen des Äthers erhaltene Öl an der Luft rektifiziert. Ausbeute: ca. 72 % der Theorie. Der Siedepunkt der reinen tertiären Base ist 240—242°.

Analyse: 0,1304 g Substanz: 7,8 ccm N (19°, 758 mm).

Berechnet für $C_{14}H_{21}N$:	Gefunden:
N 6,9 %	6,86 %.

Die Vereinigung des Allylisobutylbenzylamins mit Bromessigsäuremethylester verläuft langsam und ungleichmäßig: es bildet sich zunächst nach einiger Zeit ein krystallinischer Niederschlag, der bald ölig wird, um nach längerem Stehen wieder krystallinisch zu erstarren.

Die Krystalle (β) schmelzen nach dem Auspressen auf Thon ziemlich scharf von 164—165° („α-Kombination", Fp. 135—138°); so daß es nicht ausgeschlossen erscheint, daß in denselben das gesuchte zweite Stereoisomere vorliegt.

Leider konnten bisher nicht genügend reine Krystalle für Analyse und krystallographische Bestimmung gewonnen werden.

Hingegen wurde festgestellt, daß sich das Allylisobutylbenzylamin auch mit Chloressigester zu einem gut krystallisierenden Chlorid verbindet.

Auf dem dritten, kürzlich betretenen Wege, nämlich durch Addition von Benzylbromid an Allylisobutylaminoessigsäuremethylester, hoffe ich zu dem dritten, der theoretisch denkbaren Stereoisomeren zu gelangen.

Tabellarische Übersicht

der Versuche zur Auffindung von Stickstoff-Stereoisomeren.

Formel und Zahl der Kombinationen bezw. Modifikationen	Zersetzungs-punkt	Krystallsystem	Grad der Stabilität	Besondere Eigenschaften
Eine krystallisierte Modifikation (drei Kombinationen)	**Phenyläthylallylbenzylammoniumjodid:**			
$N\left\langle\begin{matrix}C_6H_5\\C_2H_5\\CH_2-C_6H_5\\C_3H_5\\J\end{matrix}\right.$	110—112°	nicht meßbar	leicht zersetzlich	—
Zwei Modifikationen Drei Kombinationen: $\alpha = \gamma$	**Phenylmethylbenzylallylammoniumjodid:**			
$N\left\langle\begin{matrix}C_6H_5\\CH_3\\CH_2-C_6H_5\\C_3H_5\\J\end{matrix}\right.$ α	140—142°	rhombisch, $a:b:c =$ 0,8915:1:0,6637	stabil, läßt sich nicht umlagern	1 g löst sich in etwa 2 ccm siedendem Alkohol
$N\left\langle\begin{matrix}C_6H_5\\CH_3\\CH_2-C_6H_5\\C_3H_5\\J\end{matrix}\right.$ β	158—159°	rhombisch, $a:b:c =$ 0,6779:1:1,0392	stabil, läßt sich nicht umlagern	spezifisch schwerer als das „α-Jodid"
$N\left\langle\begin{matrix}C_6H_5\\CH_3\\CH_2-C_6H_5\\\text{[illegible]}\end{matrix}\right.$ γ	140—142°	rhombisch, $a:b:c =$ [illegible]	stabil, läßt sich nicht umlagern	wie α

Zwei Modifikationen
Drei Kombinationen: $\alpha = \gamma$

Phenylmethylallylbenzylammoniumbromid:

Formel		Fp.	Kristallform		
$N(C_6H_5)(CH_3)(CH_2-C_6H_5)(C_3H_5)Br$	α	161—163°	rhombisch, $a:b:c$ = 0,88888:1:0,56854 isomorph „α-Jodid"	nicht in einander überführbar (α, β)	löslich in warmen Wasser, in der Siedehitze getrübt
$N(C_6H_5)(CH_3)(CH_2-C_6H_5)(C_3H_5)Br$	β	105—107°	monoklin, $\beta = 71° 45'$		
$N(C_6H_5)(CH_3)(CH_2-C_6H_5)(C_3H_5)Br$	γ	161—163°	rhombisch, $a:b:c$ = 0,88888:1:0,56854	—	

Zwei Modifikationen:
α und β

Phenylmethylallylbenzylammoniumchlorid:

Formel		Fp.	Kristallform						
$N(C_6H_5)(CH_3)(CH_2-C_6H_5)(C_3H_5)Cl$	α	152—154°	rhombisch, $a:b:c$ = 0,88888:1:0,56854 isomorph „α-Bromid"	nicht in einander überführbar	stabil in der Kälte	beim Kochen zum Teil zersetzt	leicht löslich in kaltem Wasser	Chloroplatinat, fast unlöslich. Fp. 162—163°.	Chloroaurat, sehr schwer löslich, meist amorph. Fp. 90—94°.
$N(C_6H_5)(CH_3)(CH_2-C_6H_5)(C_3H_5)Cl$	β	113—116°	—		stabil in der Kälte		leicht löslich	Chloroplatinat, etwas löslich, Nadeln, Fp. 198—199°	Chloroaurat, etwas löslich, lange Nadeln, Fp. 105 bis 107°

Fortsetzung.

Formel und Zahl der Kombinationen bezw. Modifikationen	Zersetzungs-punkt	Krystallsystem	Grad der Stabilität	Besondere Eigenschaften
Drei Kombinationen **Eine** stabile Modifikation	**Phenylmethylallyläthylammoniumjodid:**			
$N \lessgtr C_6H_5,\ CH_3,\ CH_2-CH_3,\ C_3H_5,\ J$ + $CHCl_3$	75—80°	rhombisch-sphenoïdisch-hemiëdrisch $a:b:c =$ 0,9115:1:0,7208	stabil	zwei labile, ölige Modifikationen
Zwei Kombinationen **Eine** Modifikation	**Benzylpiperidiniumjodidessigsäureäthyldster:**			
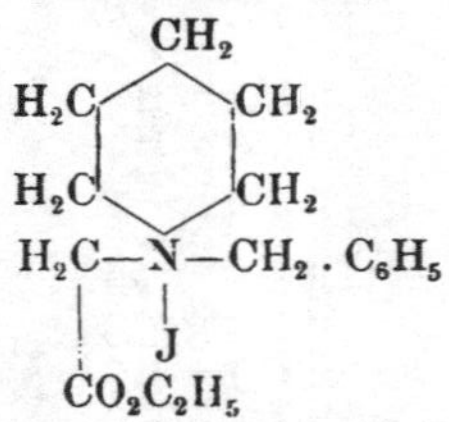	193—194°	monoklin $\beta = 84^0\ 11'$	stabil	Prismatischer und tafelförmiger Habitus
Zwei Kombinationen **Eine** Modifikation	**Methylallyltetrahydrochinoliniumjodid:**			
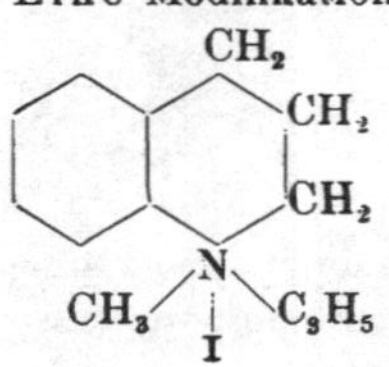	143°	monoklin $\beta = 70^0\ 28\frac{1}{2}'$	stabil	Prismatischer und tafelförmiger Habitus

	Methyltetrahydrochinoliniumjodidessigsäure-äthylester:			
Zwei Kombinationen Eine stabile Modifikation 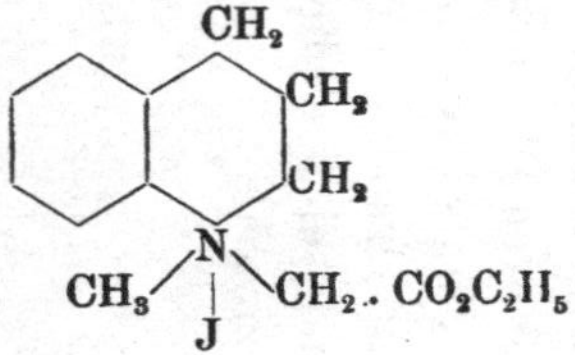	118—119°	monoklin $\beta = 85^\circ 32'$	stabil	„α-Kombination" giebt als Nebenprodukt ein Stereoisomeres (?), Fp. 167—169°. Krystallsystem: monoklin, $\beta = 75^\circ 24'$
	Methyltetrahydrochinoliniumjodidessigsäure-methylester:			
Zwei Kombinationen Eine stabile Modifikation 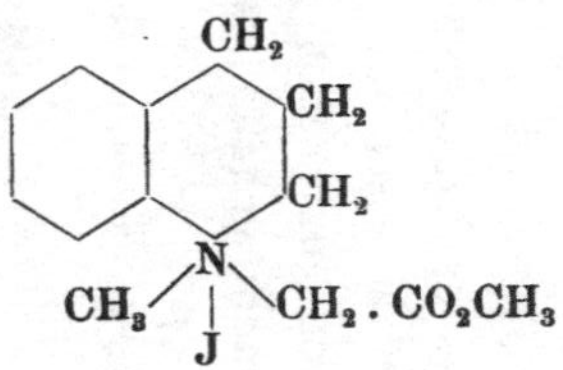	145—155°	triklin	stabil	„α-Kombination" giebt als Nebenprodukt ein Stereoisomeres (?), Fp. 164—166°. Krystallsystem: monoklin, $\beta = 72^\circ 36'$
	Isobutylbenzylallylammoniumbromidessig-säuremethylester:			
Bisher zwei Kombinationen und zwei (?) Modifikationen 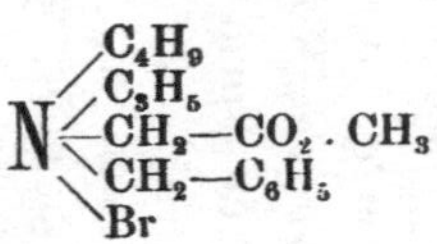	α) 135—138° β) 164—165°	— —	?	Vier Kombinationen ausführbar

Überblickt man das in diesem Kapitel zusammengetragene Material, das mit Bezug auf physikalische und chemische Daten in der vorhergehenden Tabelle (S. 78—81) übersichtlich geordnet ist, so kommt man zu dem Schlusse, daß bei asymmetrischen gemischt-aromatischen Basen, deren Radikale nicht an einem Ringsystem Teil nehmen, die Grenze der beginnenden Stereoisomerie gefunden ist: jenseits derselben sind die Existenzbedingungen für zwei stabile Isomere; ob bei weiterer Vergrößerung drei Isomere existieren können, ließ sich nicht mit Sicherheit entscheiden, da nur eine Kombination noch innerhalb der Bildungsgrenze steht. Für quaternäre Benzylammoniumbasen ist letztere weiter gesteckt und daher die Existenz von drei oder vier Stereoisomeren möglich.

Für asymmetrische Ammoniumsalze, deren Radikale an einem unsymmetrischen Ringsystem teilnehmen, konnte die Grenze für stabile Isomere noch nicht aufgefunden werden; einwertige Ammoniumsalze, die mit einem symmetrischen Ringsystem verknüpft sind, sind nicht im stande, Stereoisomerie hervorzurufen.

Drittes Kapitel.

Beiträge zur Frage der Rotationsfähigkeit von substituierten Ammoniumsalzen.

Seitdem Le Bel[1] die Aktivität des Isobutylpropyläthylmethylammoniumchlorids behauptet hat, sind bekanntlich keine weiteren Fälle von aktiven asymmetrischen Stickstoffverbindungen bekannt geworden, so daß die Analogie mit dem asymmetrischen Kohlenstoffatom, dessen Gegenwart in optisch-aktiven Verbindungen bisher ausnahmslos nachgewiesen werden konnte, experimentell sehr einseitig gestützt erscheint, zumal „die Drehung des Le Bel'schen Körpers sich inzwischen verlor und seitdem die betreffende Form nicht mehr erhalten werden konnte“.[2]

---

[1] Compt. rend. **112**, 725; vgl. Einleitung S. 8.

[2] Vgl. Einleitung S. 8.

Bei der Wichtigkeit der angeregten Frage für die Stereochemie des Stickstoffs lag es daher nahe, die schön krystallisierenden asymmetrischen Ammoniumsalze, die ich im vorigen Kapitel beschrieben habe, sämtlichen Spaltungsmethoden zu unterwerfen, welche für die Aktivierung asymmetrischer Kohlenstoffverbindungen bisher mit Erfolg verwendet worden sind.

Mit Rücksicht auf die basischen Eigenschaften der Untersuchungsobjekte kamen zunächst nur diejenigen Methoden in Betracht, welche auf der spontanen Spaltung durch Krystallisation, auf der Pilzwucherung und auf der Anwendung von aktiven Säuren beruhen.

Was die Verwendung der zuletzt genannten Methode betrifft, so ist schon früher erwähnt worden, daß das α-Phenylmethylallylbenzylammoniumhydroxyd wenig Neigung zeigt, mit organischen Säuren krystallisierbare Salze zu geben.

Behufs Gewinnung des sauren, weinsauren Salzes der „α-Ammoniumbase" wurde 1 Mol. der letzteren mit 1 Mol. Rechtsweinsäure in wässeriger Lösung zusammengebracht; nach dem Konzentrieren unter vermindertem Druck wurde ein Sirup erhalten, welcher allen denkbaren Krystallisationsmitteln widerstand und auch nach monatelangem Stehen keine Neigung zum Festwerden zeigte.

Nicht erfreulicher waren die Versuche zur Darstellung des sauren, kamphersauren Salzes: 2,4 g „α-Ammoniumbase" (aus 3,4 g „α-Jodid") wurden in wässeriger Lösung mit 1,9 g Kamphersäure — gelöst in heißem Wasser — versetzt; da beim Erkalten nur eine geringe Trübung bemerkbar ist, wurde im Vakuum bei gelinder Temperatur zur Trockne verdampft, der Rückstand in Chloroform-Alkohol aufgenommen und mit viel Äther gefällt; die scheinbar feste Fällung wurde jedoch an der Luft sirupös, ebenso der Rückstand nach dem Verdunsten des Filtrats.

Versuche zur Darstellung eines neutralen kamphersauren Salzes führten wenigstens zu einer vorübergehend krystallinischen Substanz: 4,8 g kamphersaures Silber wurden mit einer warmen, wässerigen Lösung von 4,2 g „α-Jodid" geschüttelt, vom Jodsilber abfiltriert und das Filtrat im Vakuum bei 50° abdestilliert. Der trockene Rückstand wurde in warmem Alkohol gelöst und mit

Äther vorsichtig gefällt: es bildete sich ein krystallinischer Niederschlag, der beim Stehen dunkel und harzig wird.

Mit Rücksicht auf die neuesten Arbeiten von Pope und Peachay,[1] welche beim Behandeln von Tetrahydropapaverin mit Rechtsweinsäure nur ein neutrales, partiell racemisches Salz mit äußerlich kompensierter Base erhalten haben, konnte auf die zuletzt genannten Versuche verzichtet werden.

Es wurden nunmehr Spaltungsversuche mit Hilfe von Pilzen angestellt; da aber einige vorläufige Proben mit dem leicht löslichen α-Phenylmethylallylbenzylammoniumbromid gezeigt hatten, daß Schimmelpilze selbst auf ziemlich verdünnten Lösungen des Bromids nicht gedeihen, so war es ratsam, vor Weiterführung der Versuche sich über die eventuelle Giftigkeit des asymmetrischen Salzes zu orientieren.

Zunächst hatte Herr Dr. O. Weiss in Königsberg die Freundlichkeit, eine physiologische Prüfung der fraglichen Substanz vorzunehmen: es konnten an Fröschen durch 2 $^0/_0$ ige Lösungen keinerlei schädigende Wirkungen beobachtet werden.

Herr Prof. R. Kobert in Rostock, der auf meine Bitte hin die Liebenswürdigkeit hatte, sich eingehender mit dem „α-Bromid" zu beschäftigen, teilt mir freundlichst mit, daß „dasselbe, wie alle Ammoniumbasen, für Frösche einigermaßen giftig ist, für Warmblüter aber viel weniger.

Die Wirkung der Ammoniumbasen, wie auch in dem vorliegenden Falle, ist ein Gemisch von Herzwirkung und Curarewirkung. Während aber einige Ammoniumbasen die Herzwirkung des Muscarins haben, welche in Reizungsstillstand besteht, ist dies bei dem Phenylmethylallylbenzylammoniumbromid nicht der Fall; es wirkt nur lähmend auf das Herz. Da keine Ammoniumbase eine ausgesprochen antiseptische Wirkung besitzt, erscheint eine solche bei dem vorliegenden Bromid ebenfalls ausgeschlossen."

Auf Grund dieser Resultate erschien es immerhin angezeigt, die Spaltungsversuche nur in sehr verdünnter Lösung und unter zeitweiliger Zugabe von sterilisierter Nährlösung vorzunehmen;

[1] Zeitschr. f. Krystallogr. **31**, 11—14.

zur Anwendung gelangten — stets mit negativen Erfolg — Penecillium glaucum, Mucor mucedo, Aspergillus fumigatus und Sacharomyces ellipsoïdeus.[1] Ein wirklich bemerkbares Wachstum zeigte aber nur Penecillium gl., und zwar nur in sehr starker Verdünnung (ca. 3—6 pro mille), außerdem wurde zu den Lösungen etwas verdünnte Essigsäure hinzugegeben, um eine mitunter nach einiger Zeit auftretende Trübung und ein Alkalischwerden der Lösung zu verhindern. Aus einer Reihe von Versuchen sei nur einer herausgegriffen:

2 g „α-Bromid“ werden in ca. 440 ccm sterilisiertem Wasser unter Zusatz von etwas verdünnter Essigsäure gelöst und mit 350 ccm Nährlösung [0,2 g $MgSO_4$, 0,3 g K_2HPO_4, 0,5 g $(NH_4)_2SO_4$ auf 1 l sterilisiertes Wasser] versetzt. Die in einem Liter-Scheidetrichter befindliche Flüssigkeit wurde mit einem kräftigen Satz Penecillium gl. versetzt: nach 5—6 Tagen beginnen neue Wucherungen, die das Flüssigkeitsniveau nach einiger Zeit mit einem äußerst feinen, vielfach unterbrochenen Teppich[2] überziehen; dann aber hört jegliches Wachstum auf und selbst nach 5—6 wöchentlichem Stehen ist, abgesehen von einer Trübung, keine wesentliche Veränderung zu bemerken. Nach dem Filtrieren und Verdampfen des Lösungsmittels unter stark vermindertem Druck bei 50° erhält man einen schmutzigen, teilweise krystallinischen Rückstand, welcher in siedendem Alkohol aufgenommen und einige Zeit mit Blutkohle bis zur Entfärbung gekocht wird: die filtrierte, alkoholische Lösung erwies sich im 2 dm-Rohr als

---

[1] Sämtliche Mikroorganismen wurden in vorzüglichen Reinkulturen vom Král'schen bakteriologischen Institut in Prag bezogen und in starken Sätzen, die auf Würze-Gelatine oder Kartoffel gezogen waren, zur Verwendung gebracht.

[2] Einer gütigen Privatmitteilung des Herrn J. A. Le Bel entnehme ich die Angabe, daß derselbe auf Lösungen von Salzen der Amylpropyläthylmethylammoniumbase ganz ähnliche Erfahrungen gemacht hat: entweder es wächst gar nicht, oder der Pilz verzehrt nur den Nährzusatz, bildet einen dünnen Teppich und liefert keine Drehung, denn sobald der Stoff nicht teilweise verzehrt wird, kann keine Rotation erwartet werden. Der Zusatz von Essigsäure soll das Alkalischwerden der Kultur verhindern, wodurch eventuell entstandenes Drehungsvermögen wieder verschwinden würde.

inaktiv. Nach dem Verdunsten des Alkohols wurde das unveränderte Bromid — allerdings in verminderter Ausbeute — mit allen Eigenschaften zurückgewonnen.

Bei einem anderen Versuche, wo 1 g Bromid in 500 ccm Wasser gelöst und mit 250 ccm Nährlösung, sowie etwas Essigsäure versetzt wurde, konnte ebenfalls vorübergehendes Wachstum und nach einiger Zeit Trübung, sowie ein Verschwinden der saueren Reaktion beobachtet werden, so daß es nicht ausgeschlossen erscheint, daß die Pilze nur die Essigsäure verzehrt haben.

Der negative Ausfall der beschriebenen Experimente drängte zu der Frage, ob im vorliegenden Falle überhaupt an eine Aktivierung des Ammoniumbromids zu denken sei; die häufig beobachtete Trübung in stark verdünnter Lösung führte zu dem Schlusse, daß hier eine langsame Abspaltung oder Dissoziation in tertiäres Amin und Halogenalkyl vor sich geht. Ein solcher Vorgang schien um so eher denkbar, als an heißen, wässerigen Lösungen der „α-Bromide" und „α-Jodide" stets, wie schon erwähnt, der furchtbar stechende Geruch des Benzylbromids bezw. -jodids beobachtet wurde; selbst beim Abdestillieren einer wässerigen Lösung im Vakuum bei gelinder Temperatur roch das Destillat sehr stark, und mit Silbernitrat ließ sich die Gegenwart von Halogen nachweisen. Es war anzunehmen, daß, wenn diese Ansicht richtig ist, die betreffenden Vorgänge sich bei dem zugehörigen Chlorid noch intensiver zeigen müßten; das war auch thatsächlich der Fall, denn das zu diesem Zwecke hergestellte α-Phenylmethylallylbenzylammoniumchlorid[1] löst sich spielend leicht in kaltem Wasser: erhitzt man jedoch die klare Lösung, so bildet sich bei der ersten Dampfblase eine intensive Trübung und die anfangs neutrale Lösung reagiert nach $^1/_2$ stündigem Kochen sauer.

Durch Leitfähigkeitsbestimmungen, bei deren Ausführung ich von Herrn Dr. M. Centnerszwer in liebenswürdigster Weise unterstützt wurde und deren Resultate hier Platz finden mögen, konnte festgestellt werden, daß die Leitfähigkeit einer gekochten

[1] Über Darstellung und sonstige Eigenschaften des „α-Chlorids" vgl. S. 50.

Lösung im Vergleich zu einer ungekochten[1] infolge der Gegenwart freier Säure beträchtlich zugenommen hat:

α-Phenylmethylallylbenzylammoniumchlorid (kalt gelöst).

v	64	128	256	512	1024
μ bei 25°	92,9	95,0	101,0	102,2	96,0 (?)
Dasselbe nach halbstündigem Kochen:					
μ bei 25°	137,4	141,8	144,2	139,0	140,3

Da nun auch eine kalt bereitete Lösung des „α-Bromids“ beim Kochen sich stark trübt, so ist anzunehmen, daß in heißen Lösungen neben der gewöhnlichen Dissoziation eine partielle Abspaltung von tertiärem Amin in der Weise erfolgt, daß außerdem Halogenwasserstoffsäure und der dem größten Alkylradikal entsprechende Alkohol entsteht; nebenher erscheint eine direkte Abspaltung von Halogenalkyl aus dem nichtionisiertem Anteil des Salzes denkbar:

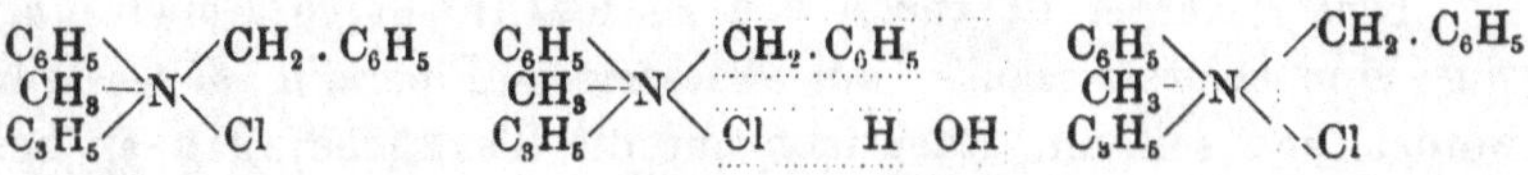

Durch Zugabe von Mineralsäuren wird das Gleichgewicht aufgehoben und die durch Öltropfen getrübte Flüssigkeit wird wieder klar.

Weil nun die während der Spaltungsversuche in sehr verdünnten Lösungen beobachteten Trübungen offenbar die gleiche Ursache hatten, da sie auf Zusatz von Säure verschwanden, so erscheinen die zu aktivierenden asymmetrischen Salze als labile Additionsprodukte, von denen man selbst unter den günstigsten Bedingungen keine Spaltung in optisch-aktive Komponenten erwarten kann.

Bei fetten Ammoniumsalzen oder aromatischen mit kleinen Radikalen wird man eine so augenfällige Labilität in wässeriger Lösung kaum annehmen können; da aber andererseits eine gewisse Größe der Radikale nach allen Erfahrungen zur Erkennung

[1] Aus den gewonnenen Daten ließen sich keine Schlüsse über den Dissociationsgrad des asymmetr. Chlorids ziehen; immerhin ist ein Vergleich mit der Leitfähigkeit des Chlorkaliums von Interesse:

v	64	128	256	512	1024	
μ	127,6	131,1	124,6	138,6	142,3	(nach Ostwald).

der Isomerie notwendig ist, so wird man, so lange nicht neue Gesichtspunkte auftreten oder neue Spaltungsmethoden entdeckt werden, zu dem Schlusse gedrängt, daß der asymmetrische Stickstoff — wenigstens in der aromatischen Reihe — nicht, wie der asymmetrische Kohlenstoff, die Fähigkeit zur optischen Aktivität besitzt; inzwischen haben ja auch Marckwald[1] und v. Droste-Hüllshoff festgestellt, daß der einzige bisher für spaltbar geltende Körper, das Isobutylpropyläthylmethylammoniumchlorid, durch Pilzkulturen sich nicht aktivieren läßt.

Nach diesen Ergebnissen wandte ich mich auch noch der dritten Spaltungsmethode zu, nämlich der spontanen Spaltung durch Krystallisation: als geeignetes Untersuchungsobjekt erschien das Piperidiniumessigsäureoxydhydrat, dessen Krystalle einer Litteraturangabe zufolge hemiëdrische Flächen aufweisen.

Dieser Körper ist zuerst von K. Kraut[2] durch Einwirkung von Monochloressigsäure auf wässeriges Piperidin dargestellt worden und soll mit Rücksicht auf die Thatsache, daß er bei vorsichtigem Erhitzen unverändert sublimiert, folgende Konstitution besitzen:

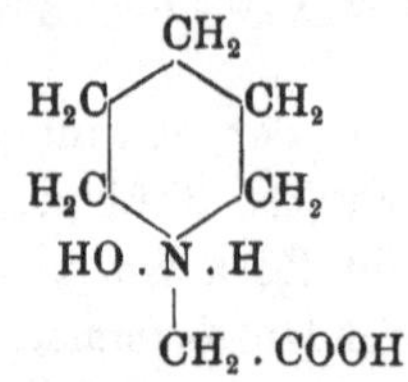

Später hat C. A. Bischoff[3] denselben Körper durch Verseifung des Piperidyloessigsäureäthylesters $(CH_2)_5N.CH_2.COOC_2H_5$ mit Barythydrat dargestellt, konstatierte aber, daß das „Konstitutionswasser“ beim Trocknen bis zum konstanten Gewichte bei 125° entweicht und erhielt so die wasserfreie Piperidyloessigsäure vom Fp. 215—217°.

Da letztere aber äußerst leicht wieder 1 Mol. Wasser aufnimmt und das gebildete Hydrat bei gelindem Erhitzen unver-

[1] Berichte d. deutsch. chem. Ges. **32**, 560—564.
[2] Ann. d. Chem. u. Pharm. **165**, 66—71.
[3] Berichte d. deutsch. chem. Ges. **31**, 2840.

ändert sublimiert, so erscheint es nicht ausgeschlossen, daß der KRAUT'sche Körper die erwähnte Konstitution und damit ein asymmetrisches[1] Stickstoffatom besitzt. Da nun die genannte Substanz einerseits zugleich basische und saure Eigenschaften aufweist, sowie auch Salze mit aktiven Basen geben konnte, andererseits nach GUTHE's[2] Angaben in hemiëdrischen Prismen krystallisieren soll, so wurde dieselbe einer erneuten chemischen, krystallographischen und physiologischen Untersuchung unterworfen.

Die Darstellung des Piperidiniumessigsäureoxydhydrats geschah nach beiden erwähnten Methoden; für größere Mengen ist aber die in letzter Linie genannte entschieden vorzuziehen, zumal die Verseifung des Piperidyloessigsäureäthylesters schon durch 1—2stündiges Kochen mit 20%igem Barytwasser erreicht wird: 10 g Ester lieferten durchschnittlich 6—7 g Säure. Der Schmelzpunkt ist nicht scharf und hängt ganz von der Schnelligkeit des Erhitzens ab: bei sehr langsamem Erhitzen beobachtet man von ca. 125° ab ein deutliches Sintern (beginnende Abspaltung des Hydratwassers), während ein vollständiges Schmelzen erst zwischen 211—216° erfolgt. Bei schnellem Erhitzen schmilzt die Substanz bei 208—209°, durch gelindes Erwärmen auf dem Sandbade zwischen zwei Uhrgläsern läßt sie sich unverändert sublimieren. Die Substanz ist nach einmaliger Krystallisation aus Alkohol analysenrein:

Analyse: 0,1244 g Substanz: 0,2372 g CO_2, 0,1032 g H_2O.
0,1346 g „ : 10,6 ccm N (20°, 755 mm).

Berechnet für $C_7H_{15}NO_3$:	C 52,17,	H 9,32,	N 8,69 %
(bei 100° getrocknet) Gef.:	„ 52,01,	„ 9,25,	„ 8,95 „

Schöne, wohlausgebildete Krystallindividuen erhält man durch langsame Verdunstung einer absolut-alkoholischen Lösung in nicht allzu flachen Schalen; dieselben erreichen oft eine Länge von 1 cm und sind vollständig durchsichtig und glänzend.

---

[1] Die am Modell erkennbare Asymmetrie ist nur eine scheinbare, da die beiden möglichen Stellungen offenbar nur Phasen der Bewegung vorstellen; vgl. auch das Ausbleiben von Stereoisomerie bei Piperidiniumsalzen S. 58 ff.

[2] Ann. d. Chem. **157**, 67; vgl. Berichte d. deutsch. chem. Ges. **31**, 2840.

Herr Dr. A. Fock hatte auf meine Bitte die Freundlichkeit, dieselben einer erneuten krystallographischen Untersuchung zu unterziehen, namentlich in Hinsicht auf die eventuell zu erwartende Hemiëdrie und Enantiomorphie; das Ergebnis war:

Krystallsystem: rhombisch, sphenoïdisch, hemiëdrisch.

$a:b:c = 0{,}9462:1:0{,}5887.$

Beobachtete Formen: $m = \{110\} \infty P$, $b = \{010\} \infty \breve{P} \infty$ und $o = k\{013\} \frac{P}{2}$.

Die farblosen Krystalle sind meist prismatisch nach der Vertikalaxe, seltener tafelförmig nach einer Fläche des Prismas. Das Pinakoïd $b\{010\}$ tritt nur untergeordnet auf oder fehlt auch häufig ganz.

In dem Präparat finden sich rechte und linke Krystalle nebeneinander.

	Beobachtet	Berechnet
$m:m = (110):(1\bar{1}0)$ =	$86^0\ 50'$	—
$o:o = (111):(\bar{1}\bar{1}1)$ =	$81^0\ 10'$	—
$o:m = (111):(1\bar{1}0)$ =	$88^0\ 6'$	$87^0\ 56'$

Spaltbarkeit ziemlich vollkommen nach $m\{110\}$.

Ebene der optischen Axen = $\{001\}$.

Erste Mittellinie = Axe b.

Durch jede Prismenfläche tritt eine optische Axe aus und zwar scheinbar um ca. 12^0 geneigt gegen die zugehörige Normale in der Richtung zur Axe b.

Das Piperidiniumessigsäureoxydhydrat krystallisiert demzufolge wirklich in enantiomorphen Formen, welche man durch Auslese trennen mußte, um jede Modifikation auf Aktivität prüfen zu können.

Da der Prismenwinkel aber angenähert 90^0 beträgt, nämlich $86^0\ 50'$, so stieß eine Auslese nach dem bloßen Ansehen in Hinsicht auf die Größe der Krystalle auf Schwierigkeiten. Herr Dr. Fock hatte jedoch auf meine Bitte die Freundlichkeit, auch diese Operation auszuführen. Zur Untersuchung gelangte ein Material, welches durch langsame Krystallisation in drei aufeinander folgende Fraktionen zerlegt war, um zu erfahren, ob sich vielleicht eine Modifikation in einer Fraktion allein ansammelt. Das unerwartete Resultat war, daß alle Fraktionen fast ausschließlich linke Krystallformen aufwiesen: in der ersten Fraktion fand sich ein rechter Krystall, in der zweiten zwei und in der dritten keiner, wahrscheinlich werden sich in dem nicht ausgelesenen Restbestand, dessen Verarbeitung wegen Unvollkommenheit des Materials nicht mehr möglich war, noch einige Rechtskrystalle befunden haben. Dieser auffallende Befund ließ schon vermuten, daß auf eine Aktivität der ausgelesenen Modifikationen nicht zu rechnen sei.

0,824 g Linkskrystalle wurden in 20 ccm Chloroform gelöst und im 2 dm-Rohr in einem Landolt'schen dreiteiligen Polarisationsapparat auf Aktivität geprüft; die Lösung erwies sich als inaktiv.

Die Gegenprobe mit Rechtskrystallen konnte bei der geringen, zur Verfügung stehenden Menge nicht ausgeführt werden; Schmelzpunkte und sonstige physikalische Eigenschaften waren natürlich bei beiden Modifikationen dieselben.

Nach diesen Ergebnissen erübrigte noch, einen Spaltungsversuch mit Hilfe von Mikroorganismen vorzunehmen. Vorher aber war es wünschenswert, zu wissen, ob dem Beobachtungsobjekte keine toxischen Eigenschaften zukommen. Herr Dr. O. Weiss, der im physiologischen Institut des Herrn Geheimrats L. Hermann in Königsberg diese Untersuchungen auf meine Bitte ausführte, teilte mir hierüber freundlichst mit, daß selbst Dosen von $^1/_4$ g des Piperidiniumessigsäureoxydhydrats auf Frösche ohne jeden Einfluß sind. Nach der bakteriologischen Seite ergab sich, daß eine 1 $^0/_0$ ige Lösung im Blute die Fäulnis desselben nicht zu verhindern vermag.

Auf Grund dieser Angaben wurde eine 5 $^0/_0$ ige wässerige Lösung des Piperidiniumessigsäureoxydhydrats während drei Wochen der Wirkung eines kräftigen Salzes von Penicillium glaucum, der auf Würze-Gelatine gezüchtet war, ausgesetzt.

Der Pilz war in dieser Zeit gut gediehen, während die wässerige Lösung eine bräunliche Farbe angenommen hatte; nach dem Konzentrieren und Entfärben durch Kochen mit Blutkohle erwies sich auch diese Lösung im 2 dm-Rohr als inaktiv.

Was nunmehr die merkwürdige Thatsache des Auftretens von enantiomorphen Formen ohne optische Aktivität betrifft, so scheint hier ein ähnlicher Fall vorzuliegen, wie in dem Propyläthylpiperidiniumbromid von C. DE BRERETON EVANS,[1] welches, auf zwei verschiedenen Wegen hergestellt, stets ein Gemisch von enantiomorphen Krystallen liefert. Das Piperidiniumessigsäureoxydhydrat krystallisiert demnach nach Art des Natriumchlorats, nur mit dem Unterschiede, daß eine Form (die Linksmodifikation) als die begünstigtere erscheint, denn nach POPE soll eine Natriumchloratlösung gleiche Mengen rechter und linker Formen geben, und erst durch den Zusatz einer aktiven Substanz zur Lösung eine Verschiebung zu Gunsten der einen Form bewirkt werden. Möglicherweise könnte das vorwiegende Auftreten der einen Modifikation durch die Natur des ersten Krystalls bestimmt werden, der die Übersättigung aufhebt und so die Bildung einer größeren Anzahl von Individuen einleitet. Ob beim Stickstoff, speziell bei Piperidinderivaten, besondere, bisher nicht bekannte Faktoren mitwirken, konnte nicht festgestellt werden, zumal es bei den geringen Mengen Rechtsmodifikation vorläufig aussichtslos ist, dieselben mit Sicherheit durch Umkrystallisieren in die Antipoden zu verwandeln.

Die Homologen der Piperidyloessigsäure sind von C. A. BISCHOFF dargestellt worden, das α-Propionsäurederivat $(CH_2)_5N.CH.(CH_3)COOH$ enthält lufttrocken 3 Mol. Krystallwasser, das Buttersäurederivat scheint $^1/_2$ Mol. Wasser zu binden.

Die Piperidyl-α-isobuttersäure und -α-Isovaleriansäure sind ohne weiteres wasserfrei: mit zunehmender Kohlenstoffzahl bezw. beginnender Verzweigung sinkt also die Tendenz zur Hydratbildung. In der Hoffnung, noch eine dem Piperidiniumessigsäureoxydhydrat analog krystallisierende Säure zu gewinnen, wurde wässeriges Piperidin nach dem KRAUT'schen Verfahren mit β-Jodpropionsäure erwärmt und dann der Reihe nach mit Silberoxyd und Schwefelwasserstoff behandelt, ohne daß es gelang, ein krystallisierbares Piperidinium-β-propionsäureoxydhydrat zu ge-

[1] Journal of the chemical Society 71, 522.

winnen. Ebenso versagte die Verseifung des zu diesem Zwecke hergestellten

Piperido-β-propionsäureäthylesters
$(CH_2)_5N . CH_2 . CH_2 . COOC_2H_5$.

29,8 g Piperidin wurden im Benzol gelöst und langsam mit 40 g β-Jodpropionsäureäthylester, der vorher mit demselben Volumen Benzol verdünnt war, versetzt. Durch Filtrieren und Waschen des ausgeschiedenen Jodhydrats, sowie Abdestillieren des Benzols wird der rohe Ester erhalten; derselbe siedet unter gewöhnlichem Druck von 217—219° und bildet nach zweimaliger Rektifikation ein farbloses, analysenreines Öl von basischem Geruch.

Analyse: 0,1124 g Substanz: 7,2 ccm N (21°, 775 mm).

Berechnet für $C_{10}H_{19}O_2N$:	Gefunden:
N 7,06 %	7,39 %.

Werden 17 g Ester 8 Stdn. mit 30 g Barythydrat in wässeriger Lösung gekocht, so erhält man nach dem Einleiten von Kohlensäure, Abfiltrieren des Baryumcarbonats und Eindampfen zur Trockne einen nicht krystallisierbaren Sirup.

Versucht man nach der KRAUT'schen Methode aus 25 g Tetrahydrochinolin und 9 g Chloressigsäure ein Tetrahydrochinoliniumessigsäureoxydhydrat darzustellen, so läßt sich aus dem Reaktionsgemisch nur ein fester Körper isolieren: derselbe krystallisiert aus Alkohol in schönen, gelben Nadeln und schmilzt bei 181 bis 182°. Er wird bei 100° getrocknet und ist der Analyse nach Tetrahydrochinolinchlorhydrat.

Analyse: 0,0978 g Substanz: 0,229 g CO_2, 0,065 g H_2O.

Berechnet für $C_9H_{12}NCl$:	C	63,71,	H	7,06 %
Gefunden:	„	63,87,	„	7,38 „ .

Versucht man das letzte Wasserstoffatom am Stickstoff des Piperidiniumessigsäureoxydhydrats durch ein Alkyl zu ersetzen, um zu einer stabileren, asymmetrischen Verbindung zu gelangen, so bildet sich stets das einfache Salz des Ammoniumhydrats mit der entsprechenden Halogenwasserstoffsäure. Als das Piperidoessigsäureoxydhydrat z. B. in der Druckflasche 2 Stdn. bei 100°

mit Jodmethyl erwärmt wurde, hatte sich das Jodhydrat gebildet; nach successiver Behandlung mit Silberoxyd und Schwefelwasserstoff wurde das Ausgangsmaterial vom Fp. 208—209° zurückerhalten. Charakteristisch ist das Verhalten gegen Benzylchlorid:

2 g Piperidiniumessigsäureoxydhydrat werden mit 1,6 g Benzylchlorid während $1^1/_2$ Stdn. bis zum beginnenden Sieden des letzteren erhitzt, die anfängliche Lösung ist zu einem Krystallkuchen erstarrt, der ausgepreßt und zweimal aus Alkohol-Äther umkrystallisiert wird: glänzende, weiße Blättchen, die bei 215 bis 216° schmelzen. Die Analyse ergab, daß das schon von Kraut erwähnte Chlorid des Piperidiniumhydrats vorlag:

Analyse: 0,101 g Substanz: 0,173 g CO_2, 0,0685 g H_2O.
0,109 g „ : 0,1876 g „ , 0,0751 g „

Berechnet für $C_7H_{14}NO_2Cl$: C 46,79 H 7,79 %.
Gefunden: „ 46,73, 47,02, „ 7,53, 7,62 %.

Behandelt man die wässerige Lösung mit Silberoxyd, so wird das Piperidiniumessigsäureoxydhydrat zurückgewonnen. Der ganze Vorgang ist jedenfalls auf die zersetzende Wirkung des Hydratwassers in der Hitze zurückzuführen:

$$(CH_2)_5N\begin{cases}CH_2.COOH\\H\\OH\end{cases} + ClCH_2.C_6H_5 = (CH_2)_5N\begin{cases}CH_2.COOH\\H\\Cl\end{cases} + OH.CH_2.C_6H_5.$$

Es besteht überhaupt offenbar eine geringe Neigung zur Bildung eines Benzylpiperidiniumessigsäureoxydhydrats, da auch auf dem umgekehrten Wege — durch Verseifung des zugehörigen Esters $(CH_2)_5N\begin{cases}CH_2.COOC_2H_5\\CH_2.C_6H_5\\Hlg\end{cases}$ — die Isolierung eines einheitlichen Produktes auf große Schwierigkeiten stieß (vgl. viertes Kapitel).

Die Piperidyloessigsäure bildet auch mit Basen Salze: z. B. mit Kupferoxyd blaue glänzende Blätter des Kupfersalzes,[1] welches sich aber von der wasserfreien Säure ableitet; wohlcharakterisierte Salze mit organischen Basen, namentlich mit Strychnin, herzustellen, war bisher nicht möglich.

[1] Ann. d. Chem. **157**, 68.

Als Ergänzung zu den Beobachtungen über die Enantiomorphie des Piperidiniumessigsäureoxydhydrats sei noch mitgeteilt, daß eine kurze Litteraturangabe es wahrscheinlich machte, daß auch andere, nicht quaternäre Piperidinsalze die Fähigkeit besitzen, enantiomorph zu krystallisieren, z. B. das Piperidinbromhydrat.[1]

Herr Dr. A. Fock hatte wiederum die Freundlichkeit, genaue Messungen an gut ausgebildeten Krystallen des Piperidinbromhydrats vorzunehmen, und teilt über die Ergebnisse folgendes mit:

Krystallsystem: rhombisch.

$a:b:c = 0{,}496:1:1{,}5282.$

Beobachtete Formen: $b = \{010\}\infty \breve{P}\infty$, $a = \{100\}\infty \bar{P}\infty$, $m = \{110\}\infty P$ und $q = \{011\}\breve{P}\infty$.

Die farblosen Krystalle sind prismatisch nach der Vertikalaxe und bis zu 4 mm lang und 4 mm dick. Von den Formen der Prismenzone herrschen die Pinakoïde vor, während das Prisma mehr zurücktritt und schlecht spiegelnde Flächen zeigt, so daß die Messungsresultate bis zu $\frac{1}{2}^{0}$ fehlerhaft sein können. Anzeichen für Hemiëdrie und Hemimorphie liegen nicht vor.

	Beobachtet	Berechnet
$a:m = (100):(110)$	$= 26^{0}\,23'$	—
$b:q = (010):(011)$	$= 33^{0}\,12'$	—
$m:q = (110):(011)$	$= 67^{0}\,41'$	$68^{0}\,10'$

Spaltbar vollkommen nach $a\{100\}$.

Ebene der optischen Axen $= b\{010\}$.

Erste Mittellinie = Axe a.

$2E =$ ca. 35^{0} für Na-Licht in Luft (nach Schätzung).

$2E = 22^{0}\,10'$ für Na-Licht in Glas (Fuess-Adam'scher Apparat).

Dispersion der Axen sehr stark $\varrho < v$.

Der Winkel der optischen Axen für rotes und blaues Licht dürfte etwa um 10^{0} differieren.

---

[1] Berichte d. deutsch. chem. Ges. **31**, 2481. „. . . die polaren Flächen sind nicht gut entwickelt, zeigen aber wahrscheinlich Hemiëdrie an" (Doss).

Nach diesem Resultat scheint die Fähigkeit der Piperidinabkömmlinge nach Art des Natriumchlorats zu krystallisieren, auf gewisse quaternäre Ammoniumsalze beschränkt zu sein. Daß aber im übrigen häufig asymmetrische Ammoniumsalze hemiëdrisch krystallisieren, ist bereits an verschiedenen Beispielen, wie Allylmethylanilinpikrat, „β-Bromid", Phenylmethyläthylallylammoniumjodid u. s. w., gezeigt worden.

Viertes Kapitel.

Untersuchung der Bedingungen, unter welchen zwei negative Radikale am fünfwertigen Stickstoff Platz finden, im speziellen, wenn eins derselben ein organisches ist.

Da es, wie in der Einleitung bereits hervorgehoben ist, eine geringe Anzahl von fünfwertigen Stickstoffverbindungen giebt, welche zwei negative Radikale enthalten, wie das Triäthylamindibromid bezw. solche, in welchen der zweiwertige Sauerstoff zwei Valenzen des pentavalenten Stickstoffatoms beansprucht, wie die Piperidinoxyde, so war es interessant, zu erfahren, unter welchen Bedingungen der Stickstoff zwei negative Radikale aufnimmt und besonders, ob eins derselben ein organisches, negatives Radikal sein kann oder nicht.

Wie erwähnt, hat schon Menschutkin[1] darauf hingewiesen, daß sauerstoffhaltige Ketten auf die Fähigkeit zur Bildung von Ammoniumverbindungen äußerst deprimierend wirken; ein Beispiel ist das Acetamid, das kaum im stande ist, Verbindungen des fünfwertigen Stickstoffs zu geben; durch Ersatz von Amidwasserstoff durch das geschwindigkeitserregende Radikal „Methyl" soll aber die schlummernde Additionsfähigkeit wieder wachgerufen werden z. B. im Dimethylacetamid $CH_3 . CO—N\langle {CH_3 \atop CH_3}$.

[1] Zeitschr. f. physik. Chem. 17, 232.

Das Acetylpiperidin $CH_3 . CO . N \equiv C_5H_{10}$ bildet infolge der stark basischen Eigenschaften des Piperidinkernes noch verhältmäßig stabile Salze; ob es aber auch die Fähigkeit zur Bildung quaternärer Salze besitzt, ist aus Analogiegründen zweifelhaft und bleibt noch zu untersuchen.

In der aromatischen Reihe konnte ich feststellen, daß das Methylacetanilid $(C_6H_5)(CH_3)N . CO . CH_3$ sich selbst bei 5stündigem Erhitzen auf 150° nicht mit Jodmethyl verbindet, erst bei 6stündigem Erhitzen auf 220—250° wurde ein dickflüssiges, charakteristisch riechendes Öl erhalten, welches sich als Jodid einer Base erwies, die nicht in reinem Zustande erhalten werden konnte und jedenfalls ein kompliziertes Zersetzungsprodukt darstellt; auch auf dem umgekehrten Wege, durch Addition von Acetylchlorid an Dimethylanilin ist die Herstellung des Systems

$$N \begin{cases} C_6H_5 \\ CH_3 \\ CH_3 \\ CO . CH_3 \\ Hlg \end{cases}$$ bisher nicht gelungen.

Wenn somit das Säureradikal —CO.R kaum an einem fünfwertigen Stickstoff untergebracht werden kann, gelingt es auffallend leicht, andere sauerstoffhaltige Ketten an tertiäre Amine zu addieren: so findet z. B. beim Zusammenmischen von Benzylpiperidin und Chlorkohlensäurcester eine lebhafte Selbsterwärmung statt, welche nur auf die Bildung des Additionsproduktes

$$C_5H_{10} \equiv N(Cl)(COOC_2H_5) - CH_2 . C_6H_5$$

zurückgeführt werden kann.

Vollständig glatt verläuft aber die Reaktion, wenn man die sauerstoffhaltige Kette —COOR durch Einschiebung der Methylengruppe $—CH_2—$ außerhalb des Kollisionsbereiches bringt. Diese Forderung ist in dem Radikal des Essigesters $—CH_2—COOR$ erfüllt, und thatsächlich addieren sich die Halogenderivate desselben mit vom Chlor zum Jod aufsteigender Energie an tertiäre Basen, wie Benzylpiperidin und Triäthylamin nach dem Schema:

$$R \equiv N + Hlg . CH_2—COOR = R \equiv N \begin{cases} Hlg \\ CH_2—COOR \end{cases} .$$

Chlor, Brom und Jodessigester verhalten sich demnach starken, tertiären Basen gegenüber, wie die Halogenalkyle: diese Methode ist in dem Kapitel über „inaktive Stereoisomerie“ praktisch mit Erfolg angewandt worden, da sie eine größere Variation in der Einführung von Radikalen erlaubt.

Leider ist in Hinsicht auf die in Frage kommenden tertiären Amine die Grenze der Additionsfähigkeit von Halogenessigestern sehr leicht erreicht, da gemischt-aromatische, asymmetrische Amine, wie das Allylmethylanilin nur ganz geringe Neigung zeigen, sich mit Jodessigester zu verbinden; es liegt hier offenbar wieder eine Grenze der Raumerfüllung vor:

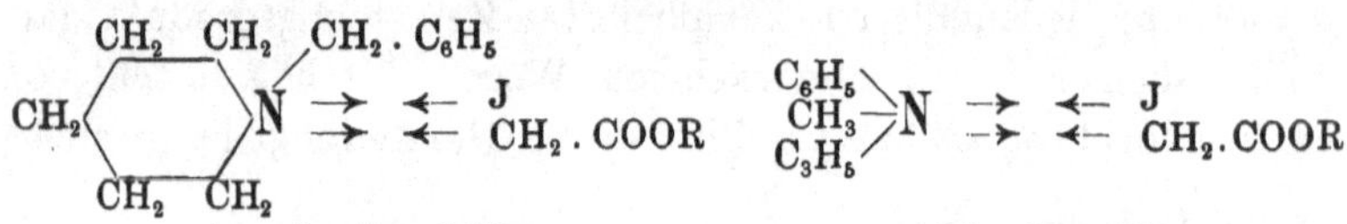

sehr schnell gebildet — nicht darstellbar.

Was die experimentelle Seite der Methode betrifft, so ist der Benzylpiperidiniumjodidessigsäureäthylester, das zugehörige Bromid und der von letzterem sich ableitende Methylester im dritten Kapitel eingehend beschrieben worden.

Es erübrigt noch hinzuzufügen, daß auch Chloressigsäureester sich mit Benzylpiperidin verbindet, wenn auch viel langsamer, als Jod- oder Bromessigsäureester.

10 g Benzylpiperidin und 7 g Chloressigsäureäthylester werden 4 Stdn. auf dem Wasserbade erwärmt: es haben sich viele weiße Krystalle gebildet, welche vom Öl durch Filtration und Abpressen befreit werden. Durch wiederholte Krystallisation aus Chloroform-Benzol erhält man schöne, farblose Nadeln, die bei 100° getrocknet werden und bei 193—194° unter Zersetzung schmelzen.[1]

Analyse: 0,2028 g Substanz: 6,35 ccm $^1/_{10}$-Normal-Silbernitrat.

Berechnet für $C_5H_{10}{=}N{<}\begin{smallmatrix}CH_2-C_6H_5\\ CH_2-COOC_2H_5\\ Cl\end{smallmatrix}$: Gefunden:

Cl 11,62 % — 11,11 %.

[1] Die Chloride, Bromide und Jodide haben annähernd denselben Zersetzungspunkt.

In ähnlicher Weise verbindet sich Isopropylpiperidin (16,7 g) $C_5H_{10}{:}N.CH\langle{}^{CH_3}_{CH_3}$ mit Bromessigsäureäthylester (21,8 g): man erhält nach der Krystallisation aus Chloroform-Aceton + Äther 15 g eines krystallinischen Additionsproduktes, das sich mit Baryt verseifen läßt, ohne indessen eine wohl charakterisierte Säure zu liefern.

Auch der Brommalonsäuremethylester $\frac{H}{Br}\rangle C\langle\frac{COOCH_3}{COOCH_3}$ reagiert nach einiger Zeit mit einer tertiären Base, wie Benzylpiperidin; das prächtig krystallisierende Reaktionsprodukt hat aber nicht die erwartete Zusammensetzung:

$$C_5H_{10}:N\langle{}^{CH_2 . C_6H_5}_{CH\langle{}^{COOCH_3}_{COOCH_3}}\quad \text{(N–Br)},$$

sondern ist ein stickstoff- und bromfreier Körper, dessen Konstitution nicht ermittelt wurde: er schmilzt bei 120—120,5° und gab bei der Analyse folgende Zahlen:

0,1292 g Substanz: 0,2164 g CO_2 und 0,0546 g H_2O.

Gefunden: C 46,86 H 4,69 %.

Die wohlausgebildeten Krystalle wurden von Herrn Dr. A. Fock gemessen; die Beschreibung lautet:

Krystallsystem: monoklin.

$a:b:c = 2,2170:1:?$

$\beta = 83\frac{1}{2}°.$

Beobachtete Formen: $a = \{100\}\infty P\infty$, $m = \{110\}\infty P$ und $c = \{001\} o P$.

Die farblosen Krystalle sind dünn tafelförmig nach dem Pinakoïd $a\{100\}$ und bis zu 10 mm lang, $2\frac{1}{2}$ mm breit und $\frac{1}{4}$ mm dick. Die Randflächen finden sich nur an einigen Individuen in meßbarem Zustande ausgebildet.

	Beobachtet	Berechnet
$a:m = (100):(110) =$	65° 35′	—
$a:c = (100):(001) =$	83° 30′	—
$m:c = (110):(001) =$	—	87° 19′

Spaltbarkeit deutlich nach $c\{001\}$.

Ebene der optischen Axen = Symmetrieebene.

Durch $a\{100\}$ tritt eine Axe aus und zwar scheinbar um ca. 15° geneigt gegen die zugehörige Normale.

Die beschriebenen Ammoniumjodidester des Piperidins liefern mit Silberoxyd die zugehörigen Ammoniumbasen

$$C_5H_{10} : N \begin{cases} CH_2-C_6H_5 \\ CH_2-COOR \\ OH \end{cases} ,$$

welche teilweise gut krystallisieren und eine ziemliche Beständigkeit zeigen.

Durch Kochen mit Barythydrat werden die Piperidiniumjodid(bromid)essigester verseift, wobei jedoch das Halogen nicht ganz unangegriffen bleibt: die erhaltenen, nicht ganz einheitlichen Produkte sind gleichzeitig Säuren und Ammoniumsalze:

$$C_5H_{10} : N \begin{cases} R \\ CH_2-COOH \\ J \end{cases} .$$

5 g Benzylpiperidiniumjodidessigsäureäthylester werden mit 10 g Barythydrat in konzentrierter wässeriger Lösung während 2 Stdn. gekocht; dann wird Kohlensäure eingeleitet, vom Baryumcarbonat abfiltriert und das wässerige Filtrat bei gelinder Temperatur eingedampft. Der trockene Rückstand wird mehrere Male mit siedendem Alkohol ausgekocht, worauf sich beim Erkalten der Auszüge feine, fast farblose, schwerlösliche Nadeln ausscheiden, die zwischen 205 und 210° sich zu zersetzen beginnen und gegen 214° völlig zersetzt sind.

Analyse: 0,1745 g Substanz: 4,8 ccm N (20°, 766 mm).

Berechnet für $C_{14}H_{20}O_2NJ$:		Gefunden:
N	3,87 %	3,17 %.

Durch Jodbestimmungen ließ sich feststellen, daß durchweg 10—11% des Gesamtjods durch Hydroxyl ersetzt waren.

Die feinen, etwas trüben Nadeln der Benzylpiperidiniumjodidessigsäure sind „lange, dünne Prismen, deren Auslöschungsrichtungen des Lichtes parallel und senkrecht zu den Kanten stehen“.

Behandelt man eine wässerige Lösung dieses Körpers mit Silberoxyd im Überschuß, so erhält man nach dem Einleiten von Schwefelwasserstoff und dem Abfiltrieren der Silbersalze eine wässerige Lösung des Benzylpiperidiniumessigsäureoxydhydrats, jenes Körpers, der, wie im vorigen Kapitel bereits erwähnt ist, nicht durch Benzylierung des Piperidiniumessigsäureoxydhydrats erhalten werden konnte.

Verdampft man die wässerige Lösung, so erhält man einen Rückstand, von dem nur ein geringer Teil durch sehr vorsichtige Krystallisation aus Alkohol-Aceton und Äther in festem, krystallisiertem Zustande gewonnen werden kann.

Bei dem Interesse, das dieser Körper als das höhere Homologe des Piperidiniumessigsäureoxydhydrats besitzt, hatte Herr Dr. Fock die Freundlichkeit, die wenigen zur Verfügung stehenden Krystalle einer Untersuchung zu unterziehen; das Resultat derselben war folgendes:

Krystallsystem: rhombisch.

$$a:b:c = 0{,}5646:1:?$$

Beobachtete Formen: $c = \{001\} o P$, $m = \{110\} \infty P$ und $q = \{011\} \breve{P} \infty$.

Die Krystalle sind dünn-tafelförmig nach $c\{001\}$ und bis zu 6 mm lang bezw. breit und $^1/_4$ mm dick. Von den angegebenen Formen spiegelte $m\{110\}$ gut; $q\{011\}$ konnte dagegen nicht in meßbarem Zustande aufgefunden werden.

	Beobachtet
$m:m = (110):(1\bar{1}0)$	$= 58^0\ 54'$
$m:\ c = (110):(001)$	$= 90^0$

Spaltbarkeit nicht beobachtet.

Durch $c\{001\}$ treten optische Axen nicht aus; die Auslöschungsrichtungen des Lichtes auf dieser Fläche halbieren den Prismenwinkel.

Durch Ersatz des letzten Wasserstoffatoms im Kraut'schen Körper durch Benzyl scheinen also keine neuen krystallographischen

Phänomene hervorgerufen zu werden. Die Schwierigkeiten zur Bildung des Systems:

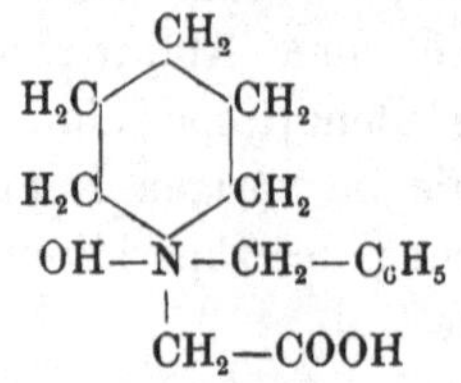

lassen dasselbe als ein unbegünstigtes Gebilde erscheinen.

Nachdem sich ergeben hatte, daß gewisse sauerstoffhaltige Ketten ziemlich leicht an tertiäre Amine addiert werden, lag die Frage nahe, wie sich Säurechloride gegen stark basische, tertiäre Amine verhalten.

Hier mußte jedenfalls wegen des entgegengesetzten Charakters der Komponenten eine starke Reaktion erwartet werden: diese konnte entweder zur Bildung des normalen Additionsproduktes $R \equiv N \begin{smallmatrix} \diagup CO.R \\ \diagdown Hlg \end{smallmatrix}$ nach Analogie des Triäthylamindibromids führen oder zu einem Ausweichprodukt, bedingt durch den organischen Charakter des einen negativen Radikals.

Als tertiäres Amin diente das Triäthylamin, das eine genügende Basicität und gute Krystallisationsfähigkeit seiner Derivate aufweist; als Säurechlorid fungierte zunächst Benzoylchlorid.

6 g Triäthylamin und 8,4 g Benzoylchlorid werden in der Kälte vermischt, wobei sich unter gelinder Selbsterwärmung ein farbloser, krystallinischer Körper bildet, jedoch wird die Masse auch nach 48stündigem Stehen nicht ganz fest und bräunt sich. Die unveränderten Agentien wurden durch Extrahieren mit wasserfreiem Äther entfernt, während der Rückstand aus absolutem Alkohol-Äther umkrystallisiert wird. Derselbe löst sich momentan in Wasser und zeigt den Fp. 253°.

Die Chlorbestimmung des weiter nicht gereinigten Körpers ergab 23,81 % Chlor, während ein normales Additionsprodukt

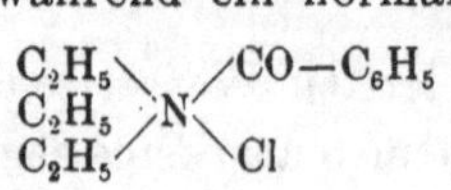

14,6 % Chlor verlangt. Für salzsaures Triäthylamin berechnet sich hingegen 25,5 % Chlor.

Der erhaltene Körper wurde des weiteren als Triäthylaminchlorhydrat identifiziert: 1) beim Behandeln mit Kali wird Triäthylamin entwickelt; 2) wurde das synthetische Salz durch Neutralisation der Base mit der äquivalenten Menge Salzsäure dargestellt und der Schmelzpunkt des Rohproduktes ebenfalls zu 253° gefunden.

Nachdem durch diesen Vorversuch ein Anhaltspunkt für die vorgefaßte Anschauung gewonnen war, daß ein organisches Säureradikal neben Halogen ungern an einem pentavalenten Stickstoffsystem haftet, wurde ein weiterer Beweis durch einen quantitativ ausgeführten Versuch erbracht.

Für diesen diente als Säurechlorid das Phenylacetylchlorid $C_6H_5.CH_2$—COCl, da sich das Benzoylchlorid als zu wenig energisch erwiesen hatte; als hochmolekularer Körper erlaubt es zugleich einen Einblick in die Natur der Ausweichprodukte zu thun.

Da die Komponenten ohne Verdünnungsmittel zu heftig reagierten, wurden 6 g Triäthylamin (1 Mol.) in wasserfreiem Benzol gelöst und langsam mit einer benzolischen Lösung von 9,17 g Phenylacetylchlorid (1 Mol.) versetzt. Der gleichmäßig ausfallende, krystallinische Niederschlag wurde mit Benzol gründlich gewaschen, getrocknet und gewogen: Gewicht 8,44 g [Fp. 253—255°, Cl-Gehalt 24,5 %, berechnet für $(C_2H_5)_3N.HCl$ 25,5 %]. Da wiederum Triäthylaminchlorhydrat vorlag, konnte entweder die Hälfte der angewendeten Base in Reaktion getreten sein unter Bildung eines Verkettungsproduktes oder die ganze Menge unter Entziehung von HCl aus dem Molekül des Säurechlorids; für den zuletzt angenommenen Fall sind theoretisch 8,1 g salzsaures Triäthylamin zu erwarten, während 8,4 g im Versuche gefunden wurden. Demgemäß muß sich im Filtrat ein stickstoff- und chlorfreier Körper finden, dessen Gewicht aus der angewandten Menge Phenylacetylchlorid (9,17 g) unter Entziehung von 1 Mol. HCl sich zu 7,0 g berechnet. Gefunden wurden thatsächlich nach dem Abdestillieren des Benzols 7,1 g; der Rückstand ist ein dickes, dunkelgelbes Öl, welches zunächst keine

Neigung zum Krystallisieren zeigte. Dasselbe wurde daher unter vermindertem Druck destilliert, wobei dasselbe zwischen 200—260° unter Hinterlassung eines beträchtlichen Rückstandes überging. Das hellgelbe, angenehm riechende Destillat wurde mit absolutem Äther versetzt, wodurch Spuren von nachträglich gebildetem Chlorhydrat ausgefällt wurden; nach dem Filtrieren und Abtreiben des Äthers ist das hinterbleibende, dicke Öl frei von Stickstoff und Chlor.

Die Zahlen dieses Versuches sprechen dafür, daß nicht einmal intermediär ein Additionsprodukt gebildet, sondern daß ohne weiteres Salzsäure gebunden wird unter Entstehung eines Ausweichproduktes, entsprechend folgender Gleichung:

$$(C_2H_5)_3N + C_6H_5 . CH_2 . CO . Cl = (C_2H_5)_3N . HCl + (C_6H_5 . CH . CO)_x.$$

Um sicher zu sein, daß wirklich nur Säurechloride sich in der beschriebenen Art gegen Triäthylamin verhalten, d. h. daß andere sauerstoffhaltige Ketten, wie $—CH_2—COOR$, lediglich den früher[1] beschriebenen Additionsprozeß erleiden, wurde Triäthylamin (4 g) mit 1 Mol. Jodessigsäuremethylester (7,9 g) zusammengebracht. Nach einiger Zeit bildet sich eine durchsichtige, krystallinische Masse, welche einige Male aus siedendem Aceton umkrystallisiert wird: bei langsamem Abkühlen bilden sich glänzende, meßbare Prismen, welche nach dem Trocknen im Exsiccator bei 138—139° unter Zersetzung schmelzen.

Analyse: 0,2348 g Substanz: 7,75 ccm $^1/_{10}$-Normal-Silbernitrat.

Berechnet für $N\begin{cases} C_2H_5 \\ C_2H_5 \\ C_2H_5 \\ CH_2 . CO_2CH_3 \\ J \end{cases}$: J 42,19 % Gef.: 41,92 %.

Es hat sich demnach bei dieser Reaktion der erwartete Triäthylammoniumjodidessigsäuremethylester gebildet.

Was nunmehr die Ermittelung der Konstitution des bei der Einwirkung von Triäthylamin auf Phenylacetylchlorid entstehenden Ausweichproduktes betrifft, so ist dies eine Aufgabe, welche außerhalb des Rahmens dieser Arbeit fällt; bei dem Interesse

[1] Vgl. Versuche mit Benzylpiperidin S. 98 ff.

aber, den der neue Körper in wissenschaftlicher, vielleicht auch in technischer Hinsicht in Anspruch nimmt, seien hier in Kürze Angaben über die bisherigen Resultate gemacht.

Zunächst ergab sich, daß selbst bei einem Druck von 5 bis 10 mm nur ein Teil des Rohöles destillierbar ist; der hinterbleibende Rückstand ist eine braune, harzartige Masse, welche beim Erwärmen flüssig wird und sich in viel siedendem Alkohol löst, um beim Erkalten als gelbes Pulver auszufallen, welches gegen 110° schmilzt. Der Siedepunkt des destillierbaren Anteiles liegt unter 8—10 mm Druck bei 195—200°: das hellgelbe Öl zeigt einen ausgesprochenen Geruch nach Blütenhonig,[1] der in alkoholischer Verdünnung sehr charakteristisch und anhaftend ist. Es enthält 77 °/₀ Kohlenstoff und etwa 7 °/₀ Wasserstoff, während ein Körper von der Formel $(C_6H_5.CH.CO)_x$ 81 °/₀ C und 5 °/₀ H verlangt; es mußte demnach bei der Destillation eine Veränderung vor sich gegangen sein.

Zur Gewinnung größerer Mengen wurde nunmehr das Triäthylamin durch Pyridin ersetzt, ohne daß der Prozeß sich änderte. Durch Kochen mit Hydroxylaminchlorhydrat bei Gegenwart von Kreide wurde aus frisch destilliertem Öl ein gut krystallisierendes Oxim gewonnen, das bei 120—122° schmilzt.

Aus den Analysenresultaten wurde der Schluß gezogen, daß dasselbe ein Monoxim ist und daß demnach dem Öle der Charakter eines Monoketons zukommt. Das Oxim wird durch Schwefelsäure rückwärts gespalten; das regenerierte Keton liefert mit Phenylhydrazin dasselbe Hydrazon (Fp. 115°), welches direkt aus dem Öl gewonnen werden kann.

Diese Ergebnisse machten es wahrscheinlich, daß das Rohprodukt eine andere, nämlich die normale Zusammensetzung hat. Zur Prüfung dieser Frage wurden 35 g Phenylacetylchlorid und 22,8 g Triäthylamin in ätherischer Lösung verarbeitet: es wurden erhalten 31 g Chlorhydrat (berechnet 31,3 g) und 26 g Rohöl

[1] Die Firma Schimmel und Co. hatte auf meine Bitte die Freundlichkeit, das Präparat zu prüfen und stellte fest, daß dasselbe den reinen — wenn auch schwachen — Honiggeruch besitzt und eventuell zur praktischen Verwendung geeignet ist.

(berechnet 26,6 g). Letzteres widerstand zunächst allen Versuchen, es aus dem sirupösen in den krystallinischen Zustand zu verwandeln, endlich gelang es, aus eiskalter, ätherischer Lösung mittelst Ligroïn einen farblosen, blätterigen Niederschlag zu fällen, der bei 170—171^0 zu einer gelben Flüssigkeit schmilzt.

Analyse:

Berechnet für $(C_8H_6O)x$:	C	81,35 %	H	5,08 %.
Gefunden:	„	80,93 „	„	5,5 „

Die Verbindung ist durch ein in schönen, gelben Nadeln krystallisierendes Hydrazon als Keton charakterisiert; es erübrigt noch die naheliegende Formulierung:

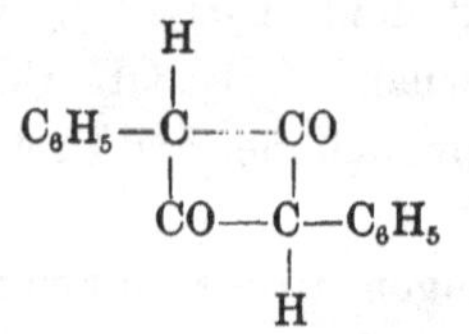

(Diphenyldiketotetramethylen)

durch Molekulargewichtsbestimmungen und andere physikalisch-chemische Daten zu beweisen, und ferner zu ermitteln, welche Veränderung während der Destillation im Vakuum vor sich geht.

Jedenfalls haben sich auf Grund der beschriebenen stereochemischen Spekulationen Anhaltspunkte für eine neue Synthese von ringförmigen Mono- und Diketonen ergeben, die zu weiterer Erforschung einladen.

Für die Stereochemie des Stickstoffs ist aber ausschließlich von Wichtigkeit, ob alle Säurechloride und -bromide ohne Unterschied, d. h. fette und aromatische, gesättigte und ungesättigte, einwertige und zweiwertige u. s. w., das oben geschilderte Verhalten zeigen.

Die Versuche in dieser Richtung haben sich auf alle in Aussicht genommenen Klassen von Säurechloriden bezw. -bromiden erstreckt, sind aber naturgemäß zum Teil noch qualitativer Art geblieben; bisher ließ sich aber in keinem Falle mit Sicherheit die Bildung eines Additionsproduktes nachweisen.

Von besonderem Interesse war das einfachste uns bekannte Säurechlorid: das Acetylchlorid.

20 g Triäthylamin — mit dem 10 fachen Volumen wasserfreien Benzols verdünnt — werden unter guter Kühlung tropfenweise mit einer benzolischen Lösung von 15,5 g frisch destillierten Acetylchlorids versetzt: nach dem Auswaschen und Trocknen des gebildeten, farblosen Niederschlages erhält man 25,5 g Triäthylaminchlorhydrat vom Fp. 252°, während theoretisch 27,2 g erwartet werden. Aus dem bräunlich gefärbten Filtrat wird das Benzol abgetrieben und das hinterbleibende, außerordentlich stechend riechende Öl unter 60 mm Druck destilliert; der benzolhaltige Vorlauf ist intensiv gelb gefärbt, die Hauptfraktion (Sdp. 80 bis 110°) bildet ein hellgelbes, die Augen stark angreifendes Öl, das am nächsten Morgen zum größeren Teile krystallinisch erstarrt ist. Nach dem Abkühlen und Abpressen erhält man farblose Krystalle vom Fp. 103—105°, die aus niedrig siedendem Ligroïn umkrystallisiert werden: die beim Erkalten ausfallenden farblosen Nadeln werden 24 Stdn. im Vakuum über Paraffin getrocknet und schmelzen nunmehr bei 106—107°.

Analyse:

Berechnet für $(CH_2—CO)x$:	C	57,14 %	H	4,76 %.
Gefunden:	„	57,13 „	„	4,81 „

Der Körper hat einen schwachen, chinonartigen Geruch und wurde durch die orangegelben Nadeln des Hydrazons als Keton charakterisiert.

Ein geringer Teil ist in Ligroïn — selbst nach längerem Kochen — unlöslich und schmilzt bei 213—214° zu einer bräunlichen Flüssigkeit, nachdem er sich schon lange vorher verfärbt hat; der unlösliche Körper besitzt einen indifferenten Geschmack und löst sich sehr langsam unter Gelbfärbung in viel siedendem Wasser auf, ebenso langsam in heißen Alkalien. Die wässerige Lösung des in Ligroïn unlöslichen Körpers wird durch Eisenchlorid rot bis rotorange gefärbt und reduziert Fehling'sche Lösung in der Hitze unter Bildung eines Kupferspiegels; alkoholische Vanillinlösung unter Zusatz von rauchender Salzsäure ruft eine langsam auftretende rot- bis blauviolette Färbung hervor; durch Bromwasser wird die wässerige Lösung des Körpers vom Fp. 213—214° nur schwach getrübt.

Was nun die Konstitution des primären Einwirkungsproduktes von Acetylchlorid auf Triäthylamin betrifft, so weist der Schmelzpunkt (107°) auf Dehydracetsäure (Fp. 108°) hin. Diese Säure hat die empirische Formel $C_8H_8O_4 = 4(CH_2—CO)$ und ist nach einem ähnlichen Vorgang von DENNSTEDT[1] und ZIMMERMANN durch Wechselwirkung zwischen Pyridin und Acetylchlorid dargestellt worden; dieselben beobachteten bei Anwendung von Äther als Verdünnungsmittel ein destillierbares Additionsprodukt (Sdp. 214—219°), das durch Wasser zerlegt wird, ohne jedoch diese Angaben durch analytische Belege zu stützen.

Die von FEIST[2] ihrer Konstitution nach aufgeklärte Dehydracetsäure hat die Formel:

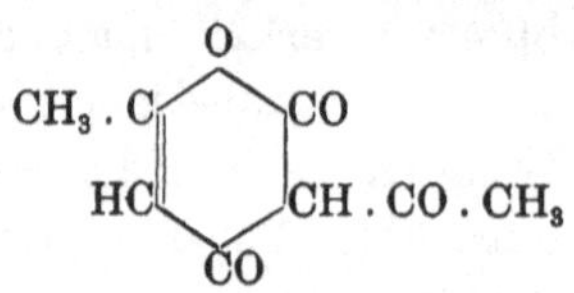

[(6) Methyl-(3) Acetopyronon];

ihre Bildung aus Acetylchlorid mittelst Pyridin wird als eine viermalige Salzsäureabspaltung zwischen vier Molekeln Acetylchlorid aufgefaßt, wobei Acetessigsäurechlorid als Zwischenprodukt angenommen wird:

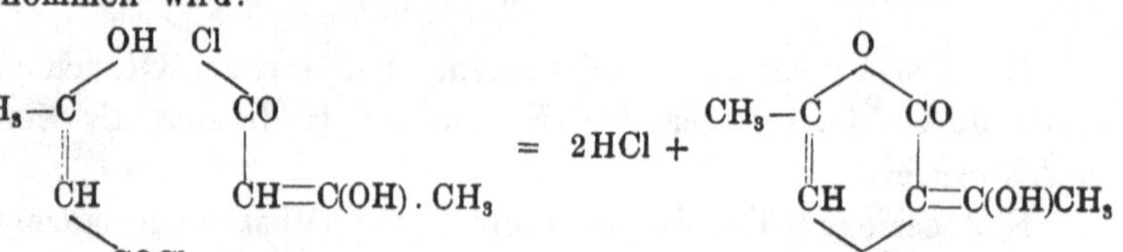

2 Mol. Acetessigsäurechlorid (Tautoform).

Trotzdem die Dehydracetsäure als Hauptprodukt der Salzsäureentziehung aus Chloracetyl erscheint, halte ich es nicht für ausgeschlossen, daß bei großer Verdünnung, guter Kühlung und bei Vermeidung einer Destillation ein einfacheres Kondensationsprodukt,[3] etwa das Tetramethylendiketon 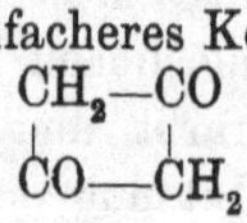 ? entsteht.

[1] Berichte d. deutsch. chem. Ges. **19**, 76. 78.

[2] Annal. d. Chem. **257**, 261.

[3] Arbeitet man ferner unter Ausschluß von Wasser, so erhält man ein stechend riechendes Öl, das an sich nicht, sondern nur erst nach erfolgter Destillation krystallinisch erstarrt.

Die definitive Entscheidung hierüber, sowie über die Konstitution der Kondensationsprodukte aus Phenylacetylchlorid (siehe oben) bleibt einer späteren ausführlichen Untersuchung vorbehalten.

Wie noch aus einer Reihe von ähnlichen Versuchen mit verschiedenartigen Säurechloriden hervorgeht, zeigt das Triäthylamin unter keinen Umständen Neigung, letztere zu addieren; es wird vielmehr stets halogenwasserstoffsaures Salz gebildet. Danach erscheint das System $\begin{array}{l} C_2H_5 \\ C_2H_5 \\ C_2H_5 \end{array}\!\!>N\!<\!\begin{array}{l} CO.R \\ Hlg \end{array}$ als sehr unbegünstigt im Vergleich zu $\begin{array}{l} C_2H_5 \\ C_2H_5 \\ C_2H_5 \end{array}\!\!>N\!<\!\begin{array}{l} H \\ Hlg \end{array}$. Da aber anderseits fünfwertige Stickstoffverbindungen mit zwei anorganischen negativen Radikalen, wie das Triäthylamindibromid $\begin{array}{l} C_2H_5 \\ C_2H_5 \\ C_2H_5 \end{array}\!\!>N\!<\!\begin{array}{l} Br \\ Br \end{array}$ existenzfähig sind, so erscheint die Nichtexistenz des Systems $(C_2H_5)_3N\!<\!\begin{array}{l} CO.R \\ Hlg \end{array}$ als eine Folge der Anwesenheit eines organischen, negativen Radikals. Dieses erlaubt dem Stickstoff der ihm unbequemen Anordnung dadurch zu entgehen, daß er vermöge der stark basischen Eigenschaften des tertiären Amins dem Säurechlorid Salzsäure[1] entzieht unter Bildung des stabilen Halogenhydrats; dabei wird natürlich im Sinne der „dynamischen Hypothese" ein Ausweichkörper gebildet, welcher als Polymerisationsprodukt der an sich nicht existenzfähigen Atomgruppierung $C(R_1R_2)\!=\!CO$ in Erscheinung tritt.

Ein derartiger Vorgang ist jedoch ausgeschlossen, wenn das Triäthylamin mit zwei Atomen Brom zusammentrifft: es muß sich nunmehr trotz vorhandener Kollisionen der Zwangslage fügen, welche beim Zusammentreffen mit geeigneten Agentien unter Bildung eines begünstigten Systems ausgelöst wird; ähn-

[1] Diese Abspaltung kann auch zwischen mehreren Molekülen vor sich gehen.

liegen die Verhältnisse bei den Oxyden tertiärer Amine vom allgemeinen Typus $R_3{\equiv}N{=}O$.

Es liegt nahe, die gezogenen Schlüsse zu verallgemeinern und die Existenz von Additionsprodukten der Formel $R{\equiv}N{<}\begin{matrix}Hlg\\ CO.R\end{matrix}$ in Frage zu stellen; da jedoch Minunni[1] bei der Darstellung von Benzoësäureanhydrid durch Einwirkung von Benzoylchlorid auf Pyridin ein intermediäres Additionsprodukt $C_5H_5{\equiv}N{<}\begin{matrix}Cl\\ CO.C_6H_5\end{matrix}$ annimmt, welches durch Wasser in Pyridinchlorhydrat und Benzoësäureanhydrid gespalten wird, so bedarf diese Anschauung für das Pyridin und ähnliche tertiäre Basen noch der experimentellen Grundlage.

Eine kürzlich begonnene Versuchsreihe über das Verhalten verschiedenartiger Säurechloride bezw. -bromide gegen Pyridin hat in allen Fällen ein gleichartiges[2] Verhalten ergeben, nämlich Bildung eines gefärbten, hygroskopischen Niederschlages.

Da die Halogenhydrate des Pyridins zerfließlich und daher schwer filtrierbar sind, wurde durchweg nach beendeter Reaktion Wasser zugegeben und das auf diese Weise von den Pyridinsalzen getrennte Reaktionsprodukt für sich untersucht.

Das Resultat war, daß in den meisten Fällen unter Mitwirkung des zugegebenen Wassers Säureanhydride gebildet waren, welche zum Teil durch die Phenylhydrazide der zugehörigen Säuren charakterisiert werden konnten.

Die in diesem Prozeß sich abspielenden Vorgänge lassen sich durch folgendes Schema illustrieren:

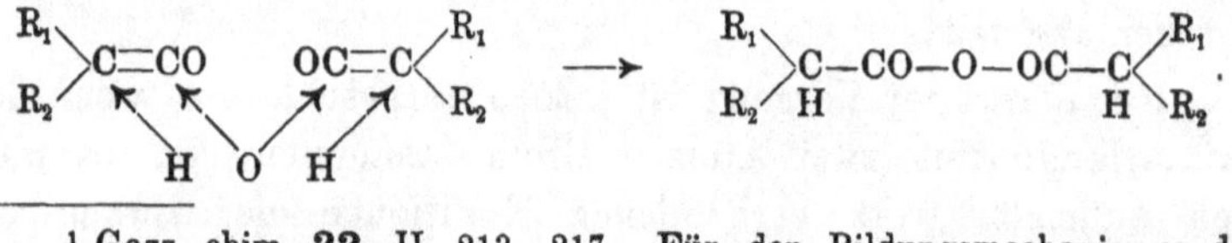

[1] Gazz. chim. **22**, II, 213—217. Für den Bildungsmechanismus der Dehydracetsäure wird ebenfalls ein intermediäres Additionsprodukt

$$C_5H_5N{<}\begin{matrix}Cl\\ COCH_3\end{matrix}\quad \text{angenommen.}$$

[2] Vgl. das oben geschilderte analoge Verhalten des Phenylacetylchlorids gegen Triäthylamin und Pyridin.

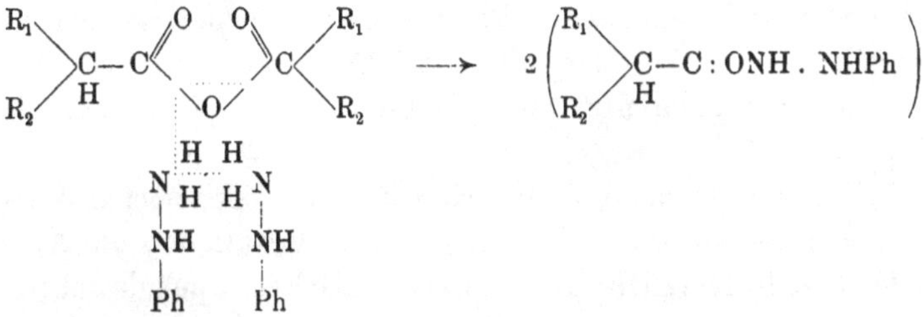

Die bisherigen vorläufigen Resultate seien im folgenden kurz zusammengefaßt:

Isobutyrylchlorid: giebt Isobuttersäureanhydrid,[1] Sdp. 172 bis 176°, charakterisiert durch das Isobuttersäurephenylhydrazid, Fp. 140°[2] (Gef. N: 15,96, Ber. N: 15,89%).

Zimmtsäurechlorid: giebt Zimmtsäureanhydrid[3] vom Fp. 135°, charakterisiert durch das Zimmtsäurephenylhydrazid[4] (Fp. 186—187°) (Gef. N: 11,78, Ber. N: 11,79%).

α-Bromisobuttersäurebromid: giebt α-Bromisobuttersäureanhydrid[5] vom Fp. 60—62°.

α-Brompropionylbromid: giebt α-Brompropionsäureanhydrid[6] vom Sdp. 123—124° bei 10 mm Druck.

Arbeitet man jedoch unter Ausschluß von Wasser, so kann man, namentlich bei Verwendung von Triäthylamin als Base, einen anderen Reaktionsverlauf beobachten: so entsteht aus Zimmtsäurechlorid ein in kugeligen Aggregaten krystallisierender Körper, dessen nähere Charakterisierung noch aussteht.

Ihrer Konstitution nach noch völlig unaufgeklärt sind die Produkte, welche aus p-Nitrobenzoylchlorid und aus Succinylchlorid durch Salzsäureabspaltung entstehen; der aus p-Nitro-

---

[1] Nach den gebräuchlichen Methoden dargestellt: Sdp. 181,5°.

[2] Vgl. Bölsing und Tafel, Berichte d. deutsch. chem. Ges. **25**, 1552.

[3] Vgl. a. a. O. **27**, 284. Fp. 133°.

[4] Vgl. a. a. O. **27**, 1518. Fp. 183°.

[5] Vgl. Bischoff und Walden, a. a. O. **27**, 2951.

[6] Vgl. a. a. O. **27**, 2949. Sdp. 120° bei 5 mm Druck.

benzoylchlorid entstehende krystallinische Körper ist farblos und schmilzt bei 237°, derjenige aus Succinylchlorid ist ebenfalls farblos und sublimiert in schönen Prismen,[1] enthält jedoch Chlor.

Die am Schlusse dieses Kapitels kurz skizzierten Versuche stellen eine Anzahl von synthetischen Reaktionen in Aussicht, welche sich lediglich auf stereochemischen Spekulationen aufbauen.

[1] Fp. 177°.

III. Theoretische Schlußergebnisse.

Bringt man die in den einzelnen Kapiteln des speziellen Teiles geschilderten Beobachtungen in Beziehung zu den in der Einleitung wiedergegebenen stereochemischen Theorien über den fünfwertigen Stickstoff, so läßt sich aus den Deduktionen über Raumerfüllung schon entnehmen, daß die Valenzen des Stickstoffs nicht in einer Ebene liegen können, aber auch nicht gleichmäßig im Raume verteilt sind, denn „mindestens eine Valenz im pentavalenten Stickstoffatom beansprucht eine besondere Richtung; diese ist entweder durch Halogen oder Hydroxyl besetzt, niemals aber durch einen Kohlenwasserstoffrest oder durch ein zweites fünfwertiges Stichstoffradikal".

Die Thatsache ferner, daß ein beliebiges Radikal, je nachdem es sich in einem fertigen tertiären Amin oder in dem entsprechenden Halogenalkyl befindet, total verschiedene Reaktionsgeschwindigkeiten zur Bildung desselben Systems hervorruft, läßt vermuthen, daß die Valenzwinkel des Stickstoffs keine konstanten sind, sondern je nach Größe und Art der eingeführten Radikale ihre ursprünglichen Richtungen, die sie im Chlorammonium einnehmen, verändern.

Die im letzten Kapitel eingehend beleuchteten Thatsachen führten schließlich zu der Anschauung, daß es gewisse fünfwertige Stickstoffverbindungen giebt, in welchen zwei Valenzen eine unter sich gleichwertige, von den drei übrigen aber verschiedene Richtung beanspruchen; diese Form wird aber nur dann gebildet, wenn jede Möglichkeit zur Einnahme der normalen Konfiguration ausgeschlossen ist.

Diese labile Form hat auch das Bestreben, unter Mitwirkung einfacher chemischer Reaktionen in ein stabiles Gebilde überzugehen, welches ohne weiteres an Stelle des erwarteten Additionsproduktes entsteht, wenn eins der negativen Radikale ein organischer Säurerest ist.

Es gilt also, diese beiden Konfigurationen — die stabile und labile — durch entsprechend gewählte räumliche Figuren auszudrücken und zu untersuchen, in wie weit letztere im stande sind, das Auftreten und Ausbleiben von Stereoisomerie zu erklären.

Beide Formen finden sich bereits in der Litteratur durch entsprechende Symbole[1] versinnbildlicht: die stabile durch die Bischoff'sche Pyramidenformel (Fig. 7), die labile durch den Willgerodt'schen Doppeltetraëder (Fig. 8).

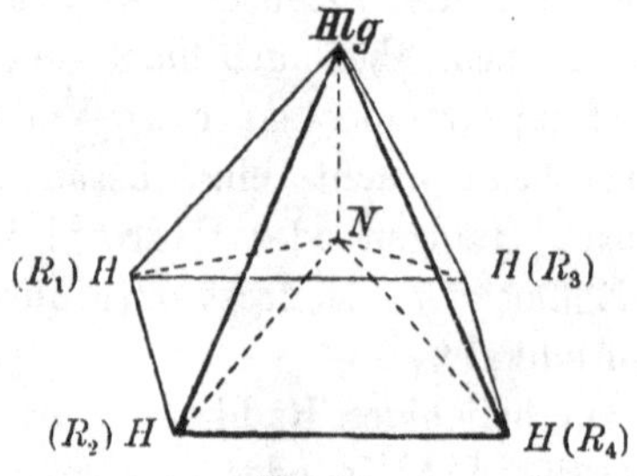

Fig. 7.

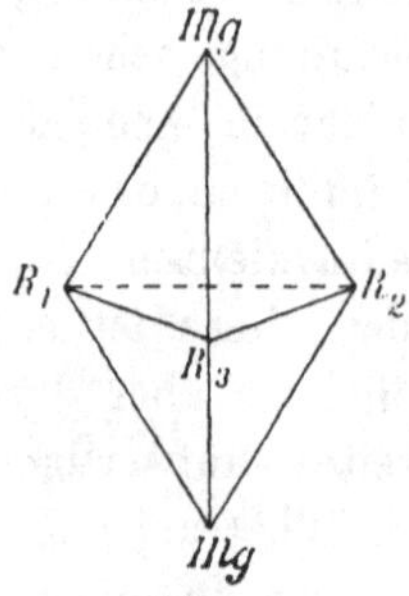

Fig. 8.

Fig. 7[2] hätte demnach die räumliche Lagerung der normalen (quaternären) Ammoniumsalze auszudrücken, in welchen sich ein von den übrigen prinzipiell verschiedenes Radikal befindet, während Fig. 8 einen Körper von der Konstitution des Triäthylamindibromids veranschaulicht, in welchem zwei Valenzen gleichwertig funktionieren.

Um diese räumlichen Bilder für alle bisher studierten Fälle plausibel erscheinen zu lassen, ist es notwendig, einen zwanglosen Übergang zum dreiwertigen Stickstoff und umgekehrt von diesem zum fünfwertigen anzugeben.

[1] Vergl. auch die in der Einleitung (S. 6) wiedergegebenen, von R. Behrend aufgestellten Figuren (Fig. 2, 3 und 4).

[2] Die vier Wasserstoffatome sind für die späteren Erläuterungen durch die Radikale R_1, R_2, R_3 und R_4 zu ersetzen.

Unter Zugrundelegung der herrschenden Ansicht, daß die Valenzen des dreiwertigen Stickstoffs in einer Ebene liegen, falls keine Doppelbindung vorkommt, bedarf der Übergang des Doppeltetraëders zum trivalenten Stickstoff keiner Erläuterung.

Die „Pyramide“ geht in dreiwertige Verbindungen über, wenn man entweder durch R_2HlgR_3 oder durch R_1HlgR_4 eine Ebene legt; in ersterem Falle erlöschen die Radikale R_1 und R_4, in letzterem R_2 und R_3; da in beiden Fällen sich Hlg in der neu entstandenen dreiwertigen Verbindung befinden würde, ist ein gleichzeitiger Platzwechsel zwischen Halogen und einem der vier Radikale anzunehmen. Sind letztere unter sich gleich oder ähnlich, so findet bei diesem Stellungswechsel keine Auswahl statt; bei einem asymmetrischen Stickstoffatom hingegen wird infolge der Verzerrung der Basis durch die verschiedenartigen Radikale eine bestimmte Atomgruppe ausgetauscht.

Ein Beispiel ist das Phenylmethylallylbenzylammoniumjodid (R_1 = Benzyl, R_2 = Allyl, R_3 = Methyl, R_4 = Phenyl); bei beginnender Dissoziation tauscht das Jod mit dem Phenyl, welches ihm infolge seiner Raumerfüllung und Schwerbeweglichkeit am nächsten ist, den Platz und das diametral stehende Radikal R_1 wird als Benzyljodid frei, während sich zugleich ein tertiäres Amin ($NR_2 . R_3 . R_4$) bildet.

Es ist ersichtlich, daß aromatische Ammoniumverbindungen sich aus diesem Grunde von fetten erheblich unterscheiden müssen, denn jenen ist ein prinzipiell verschiedenes Radikal (Phenyl[1]) eigentümlich, während in diesen die anhaftenden Atomgruppen sich nur graduell unterscheiden; es ist daher anzunehmen, daß fette asymmetrische Salze bei der Spaltung ihr Halogen mit demjenigen Radikal austauschen, welches dem Phenyl am meisten dynamisch verwandt ist, und daß demnach dasjenige Alkyl zur Ausscheidung gelangt, welches diesem Radikal dynamisch am nächsten steht.

Der Aufbau eines tertiären Amins zur „Pyramide“ erfolgt in analoger Weise: die beiden disponiblen Valenzen nehmen in

[1] Das Phenyl spielt im Verein mit Halogen nicht die Rolle eines Halogenalkyls.

erster Linie die Radikale Halogen und Alkyl auf, worauf ersteres mit dem an der Spitze befindlichen Radikal den Platz tauscht.

Da bei den Veränderungen, die durch die verschiedene Natur der Atomgruppen hervorgerufen wird, das Halogenatom an der Spitze unbeeinflußt bleibt, so genügt für die weiteren Erörterungen die Betrachtung der Basis, welche als Projektionsebene zu denken ist.

Veranschaulicht man daher die drei Kombinationen des Phenylmethylallylbenzylammoniumhydroxyds durch die folgenden Symbole:[1]

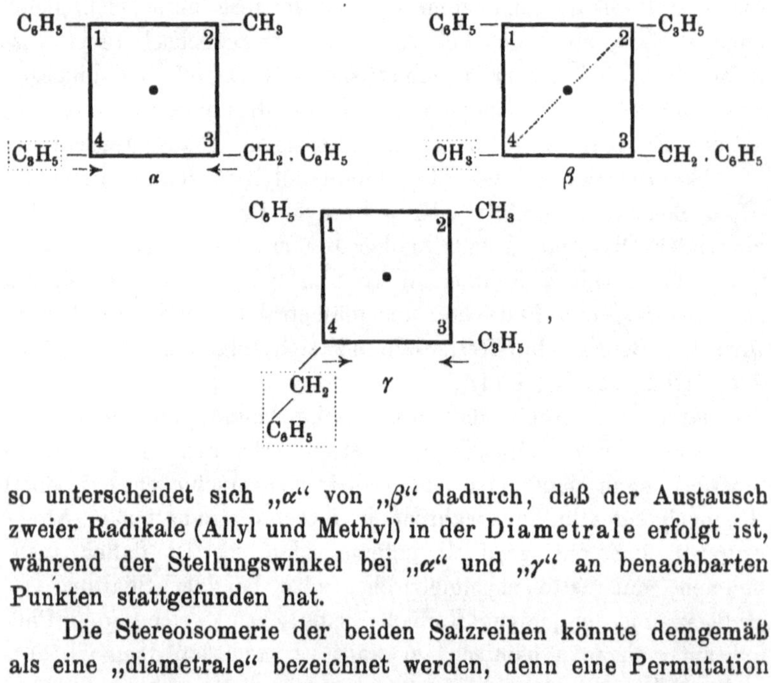

so unterscheidet sich „α" von „β" dadurch, daß der Austausch zweier Radikale (Allyl und Methyl) in der Diametrale erfolgt ist, während der Stellungswinkel bei „α" und „γ" an benachbarten Punkten stattgefunden hat.

Die Stereoisomerie der beiden Salzreihen könnte demgemäß als eine „diametrale" bezeichnet werden, denn eine Permutation

[1] Zur Erläuterung derselben diene folgendes: die Radikale sind in derselben Reihenfolge eingezeichnet, in welcher sie bei der Darstellung eingeführt sind, von Phenyl (1) angefangen; die umrahmten Radikale (4) sind die in letzter Linie durch Addition aufgenommenen. Vielleicht stellt das hochmolekulare Amin der „β-Kombination" (1, 2, 3) eine schon an sich der Permutation unfähige Verbindung vor, eine Hypothese, welche die Erklärung der Stereoisomerie bedeutend erleichtern würde.

der in Frage kommenden Atomgruppen erfolgt nicht in der diametralen Stellung, sondern nur in benachbarter Position, d. h. auf dem räumlich kürzeren Wege.

Die im speziellen Teile geschilderten Erfahrungen haben nun aber gelehrt, daß eine derartige Anschauung nur dann einen Anspruch auf Wahrscheinlichkeit machen kann, wenn, wie in dem vorliegenden Falle, zwei weitere Bedingungen erfüllt sind: erstens eine fast das Maximum erreichende Raumerfüllung, zweitens eine derartige Verschiedenheit der eingeführten Radikale, daß die Basis durch Verzerrung irregulär erscheint.

Wäre es gelungen, durch den Ersatz von „Methyl" durch „Äthyl" drei krystallisierte Kombinationen darzustellen, so dürften dieselben drei Stereoisomere vorgestellt haben, da nunmehr auch ein Platzwechsel in benachbarter Stellung unwahrscheinlich erscheint; die krystallisierte Kombination „Allyläthylanilin + Benzyljodid (γ)" und die ölige „Äthylbenzylanilin + Allyljodid (α)" würden dann die Vertreter der benachbarten Stereoisomerie sein.

Ist eine der genannten drei Bedingungen — diametrale Stellung, starke Raumerfüllung, Verschiedenheit der Radikale — nicht erfüllt, so ist die Stereoisomerie entweder nur vorübergehend bemerkbar, oder sie verschwindet ganz.

Ersetzt man z. B. in den oben dargestellten Symbolen Benzyl durch Äthyl:

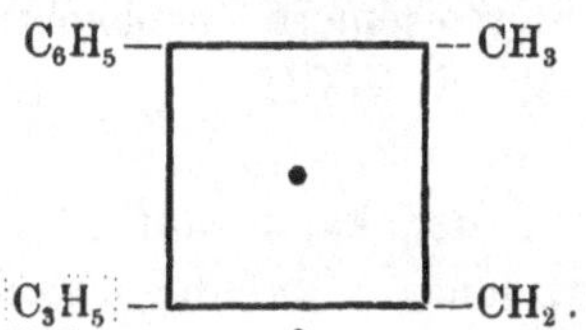

δ

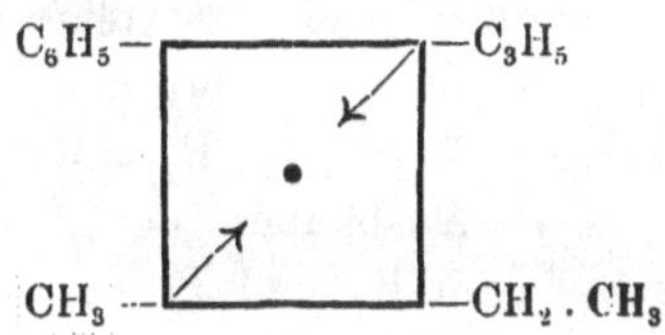

ε

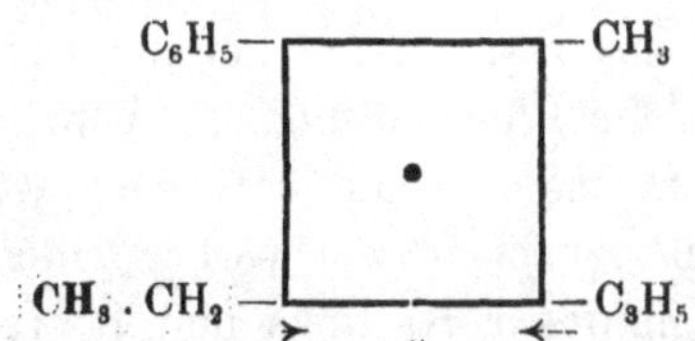

η ,

so erscheint die Kombination „δ" sofort in krystallisiertem Zustande, während „ε" und „η" zunächst ölig sind; durch geringe mechanische Einflüsse erfolgt aber schon Platzwechsel und Identifikation.

Das Fehlen eines Benzolkernes schafft nicht nur Platz für eine glatte Permutation, sondern auch für die Unterbringung eines Moleküls Krystallchloroform.

Somit hängt die Existenz von stabilen Stickstoffisomeren von so vielen Umständen ab, daß die Zahl der wirklich isolierbaren Individuen eine ziemlich geringe sein wird.

Wenden wir uns nunmehr der Stereochemie der ringförmigen Ammoniumverbindungen zu, so entsteht zunächst die Frage, an welchen Valenzen des Stickstoffs das betreffende Ringsystem einsetzt. Bei Betrachtung eines aus der Pyramidenformel abgeleiteten Modells erscheinen dazu nur die diametralen Valenzen, die miteinander einen Winkel von 120° bilden, geeignet; dieselben gehören dem zu Grunde liegenden dreiwertigen Stickstoff an.

Die beiden übrig bleibenden, ebenfalls diametral stehenden Valenzen werden von den in verschiedener Reihenfolge eingeführten Radikalen eingenommen; unter Zugrundelegung der schon verwandten Symbole ergeben dann Piperidiniumsalze in der Projektion nebenstehendes Bild (Fig. 9).

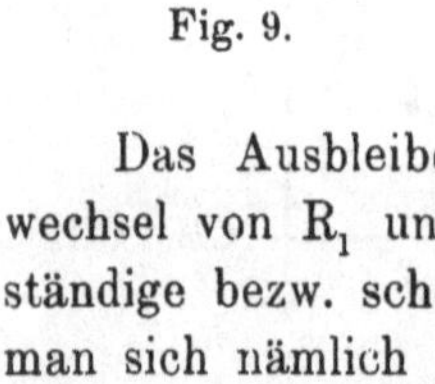

Fig. 9.

Trotzdem zwei diametrale Punkte durch den Ring fixiert sind, sind an einem solchen System niemals Stereoisomere beobachtet worden, selbst wenn $R_1 = CH_2 . C_6H_5$ und $R_2 = CH_2—COOR$ ist.

Das Ausbleiben der Isomerie ist daher kaum auf Platzwechsel von R_1 und R_2 zurückzuführen, sondern auf die unvollständige bezw. scheinbare Asymmetrie des ganzen Systems. Stellt man sich nämlich vor, man stände auf der Spitze der Pyramide mit dem Blick in der Pfeilrichtung, so befindet sich R_1 rechts und R_2 links; blickt man in die entgegengesetzte Richtung, so hat man denselben Ausblick wie vorher, nur mit dem Unterschiede, daß sich nunmehr R_1 links und R_2 rechts befindet; infolge der symmetrischen Konstitution der diametralen Eckpunkte, in welche das Ringsystem eingreift, erscheinen die gewählten beiden Kombinationen identisch.

Es sei bemerkt, daß die Thatsache, daß der Piperidinring — am Modell betrachtet — nicht in einer Ebene liegt, an dieser Betrachtungsweise nichts ändert, denn die verschiedenen Lagen des Ringes im Raume erscheinen als gleichartige Phasen der Bewegung, etwa analog der Oscillation der Doppelbindung in der KEKULÉ'schen Benzolformel.

Wird dieser letzte Rest von Symmetrie dadurch aufgehoben, daß die Eingreifpunkte eines Ringsystems verschiedenartiger Natur sind, so daß der Ausblick von der Spitze der Pyramide nach jeder Richtung sich unterscheidet, so wäre unter geeigneten Bedingungen wiederum Stereoisomerie zu erwarten; z. B. in den asymmetrischen Tetrahydrochinoliniumsalzen (Fig. 10).[1]

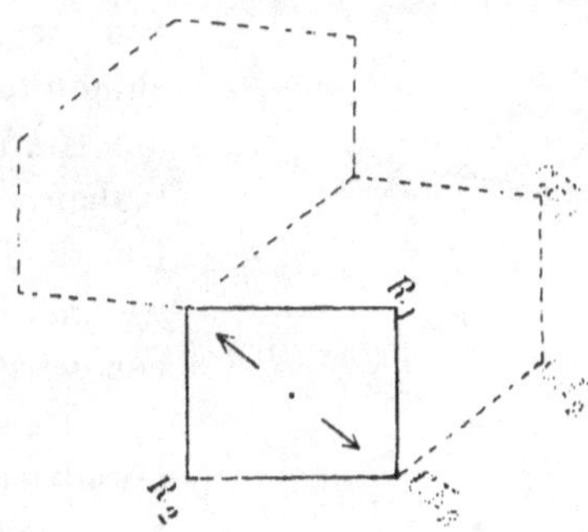

Fig. 10.

R_1 befindet sich nur rechts (bezw. R_2 links), wenn der Beschauer in Richtung nach dem Benzolkern blickt; ein Wechsel von R_1 und R_2 kann nur durch den total verschiedenen Ausblick in die entgegengesetzte Richtung erreicht werden. Bei Anwendung der Radikale $R_1 = CH_3$ und $R_2 = CH_2{-}COOR$ entstanden auf beiden Wegen identische Salze; und wenn auch die Bildung eines Nebenproduktes bei der Darstellung der einen Kombination das gleichzeitige Vorhandensein einer stereoisomeren Verbindung andeutet, so ist das gewählte System doch nicht im stande, die Existenz von stabilen Isomeren zu bedingen.

Die Ursache für dieses Verhalten liegt nach meiner Ansicht nicht so sehr in der unzureichenden Größe der eingeführten Radikale — die Grenze der Additionsfähigkeit ist in der Kälte fast erreicht —, als in dem Fehlen der dritten Bedingung. Diese besagt, daß durch den unter sich verschiedenen Charakter der einzelnen Atomgruppen eine irreguläre Basis entstehen muß;

[1] Das Ringsystem ist seitwärts aufgeklappt gedacht.

nun sind aber durch das Ringsystem, an welchem der asymmetrische Stickstoff beteiligt ist, zwei Eckpunkte der Basis festgelegt, so daß nur noch die beiden übrig bleibenden dem dynamischen Charakter ihrer Radikale gehorchen können.

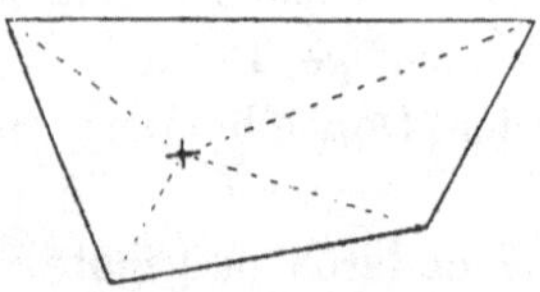

Fig. 11.

Während also die Basis eines vollständig asymmetrischen Salzes, etwa des „α-Jodids", nebenstehender Skizze (Fig. 11) entsprechen könnte, läßt sich die Grundfläche einer ringförmigen Ammoniumbase folgendermaßen veranschaulichen (Fig. 12).

Die hierdurch ausgesprochene Hypothese bedarf einer eingehenden experimentellen Begründung, die ihren Ausgangspunkt von dem stark basischen Tetrahydroisochinolin nehmen wird; dieser Körper wird die Einführung größerer Atomgruppen erlauben, so daß, wenn auch unter diesen Umständen **keine stabilen** Isomeren auftreten, die Hypothese berechtigt erscheinen wird.

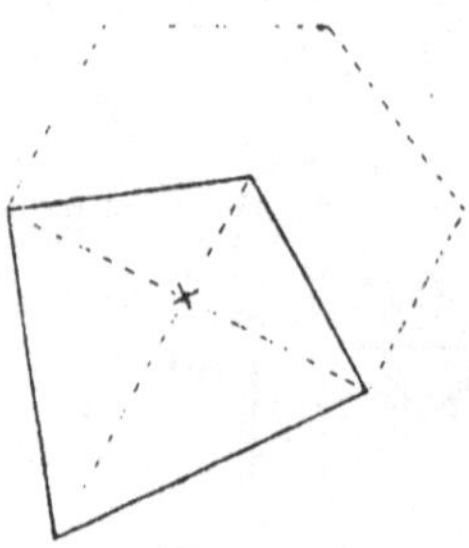

Fig. 12.

Daß bei asymmetrischen Benzylammoniumbasen endlich mindestens vier inaktive Stereoisomere[1] erwartet werden können, läßt sich mit Hilfe der bisher verwandten Symbole folgendermaßen veranschaulichen:

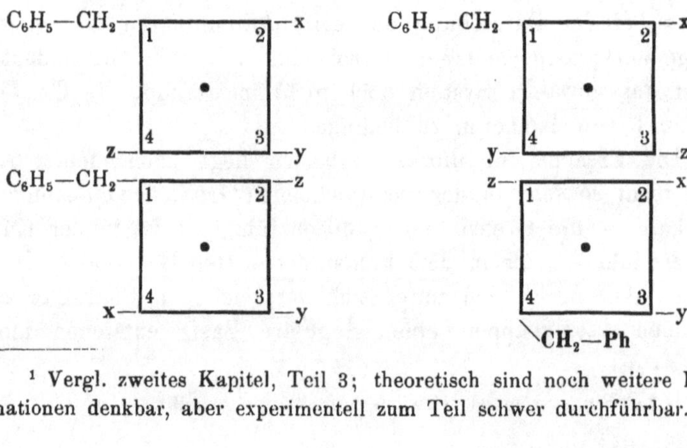

---

[1] Vergl. zweites Kapitel, Teil 3; theoretisch sind noch weitere Kombinationen denkbar, aber experimentell zum Teil schwer durchführbar.

Der Benzolkern ist durch Einschaltung der Methylengruppe so beweglich geworden, daß er im Gegensatz zu den aromatischen Ammoniumsalzen an den ausführbaren Kombinationen teilnehmen kann.

Die beiden bisher erhaltenen Modifikationen, welche vielleicht schon zwei der gesuchten Isomeren darstellen, lassen sich demgemäß durch folgende Bilder illustrieren:

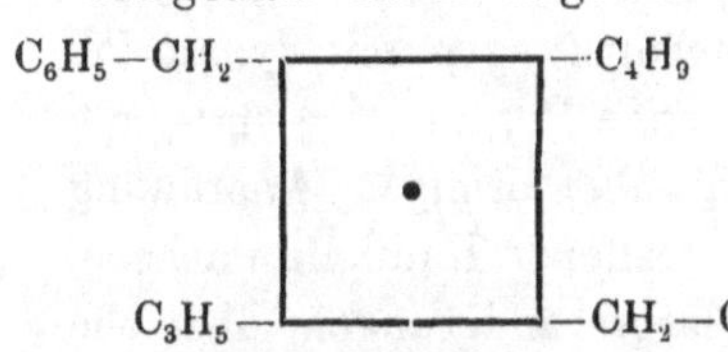

niedrigschmelzend

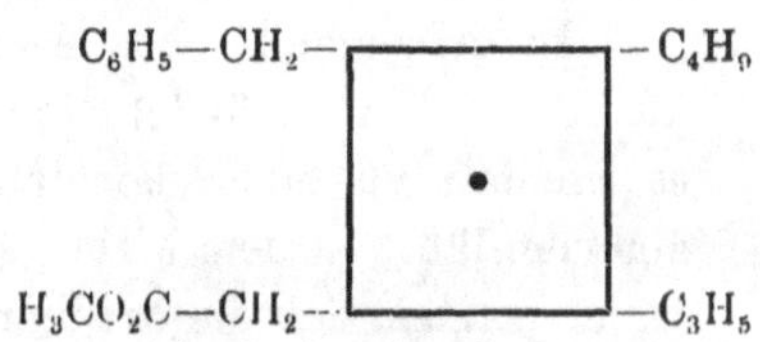

hochschmelzend.

Wenn auch durch die hier zum Ausdruck gebrachten Hypothesen der Anfang zu einer theoretischen Deutung der Stickstoff-Isomerie gemacht ist, so scheint doch die merkwürdig gleichmäßige Stabilität[1] der „diametralen Isomeren“, die sich bisher nicht in einander überführen ließen, von Faktoren getragen zu werden, deren Charakter uns ebenso unbekannt sein dürfte, wie die Kräfte, welche die Komponenten der organischen Additionsprodukte zu selbständigen chemischen Individuen zusammenhalten, oder wie die Ursachen, welche die gegenseitige Umwandlung optischer Antipoden bewirken.

Betrachten wir jetzt im Licht der gewonnenen Anschauungen die Frage nach der Rotationsfähigkeit[2] unsymmetrischer Ammoniumbasen, so erscheinen die Bedingungen für die Entwicklung dieser Eigenschaft sehr ungünstig, da die Verbindungen des fünfwertigen Stickstoffs mehr oder weniger labile Additionsprodukte darstellen, während die optisch-aktiven Körper des asymmetrischen Kohlen-

[1] Ein Vergleich der Zersetzungsprodukte der isomeren Verbindungen in der „α“- und „β“-Reihe erlaubt ebenfalls keinen Rückschluß auf den verschiedenen Grad der Stabilität, da, wie aus der früher mitgeteilten Tabelle hervorgeht, eine Regelmäßigkeit nicht vorhanden ist.

[2] Vergl. Einleitung, S. 8 bis 9, und drittes Kapitel, Teil 1.

stoffatoms sich von einem Element ableiten, das seinen Abkömmlingen einen einheitlichen Charakter verleiht.

Der Stickstoff ist in allen Verbindungen fünfwertig, vermag aber nicht in jeder Erscheinungsform sämtliche Valenzen zu äußern, da die Schwingungsbahnen der bereits vorhandenen Radikale auf die Annäherung gewisser Atomgruppen hindernd wirken.

In unsymmetrischen Ammoniumverbindungen mit dynamisch kleinen Radikalen findet eine fortwährende Permutation statt, die es niemals zu einer konstanten, schraubenförmigen Anordnung kommen läßt; in dem Maße, als die betreffende Radikale wachsen, verlangsamen sich die oscillierenden Platzveränderungen, aber ehe die innere Stabilität vorhanden ist, erreicht das System die Grenze der Raumerfüllung, d. h. es wird entweder gar nicht gebildet, oder es zerfällt unter Mitwirkung mechanischer Einflüße äußerst leicht unter Rückbildung einer dreiwertigen Stickstoffverbindung.

Durch Zugabe von Säure wird letztere wieder in ein pentavalentes Ammoniumsalz übergeführt: daß aber auch für diese — nicht-quaternären Salze — eine — allerdings viel weiter gesteckte — Raumgrenze existiert, beweist die Thatsache, daſs gewisse tertiäre Amine keine oder nur eine äußerst geringe Tendenz zur Salzbildung zeigen.

Derselbe Umstand, welcher durch Verringerung der Permutationen die Rotationsfähigkeit hervorrufen könnte, vernichtet dieselbe in gleichem Maße durch die erwachende Neigung zur Dissoziation.

Was nun schließlich den Übergang der labilen, pentavalenten Stickstoffkonfiguration (Doppeltetraëder) in die stabile (Pyramide) betrifft, so erklärt sich derselbe am einfachsten durch Annahme einer intermediären, trivalenten Verbindung, welche sich im Sinne der oben geschilderten Anschauungen in die „pyramidale" Ammoniumform verwandelt (Fig. 13).

Als Beispiel gelte die Überführung von Methylpiperidinoxyd durch Methylpiperidin in halogenwasserstoffsaures Methylpiperidin.

Thatsächlich gehen Verbindungen, wie das Triäthylamindibromid, die Dialkylanilinoxyde u. a. mit Hilfe einfacher, chemischer Operationen unter Verlust von Halogen oder Sauerstoff in die zu Grunde liegenden, tertiären Amine über, welche bei Gegenwart von Säuren die entsprechenden Ammoniumsalze bilden.

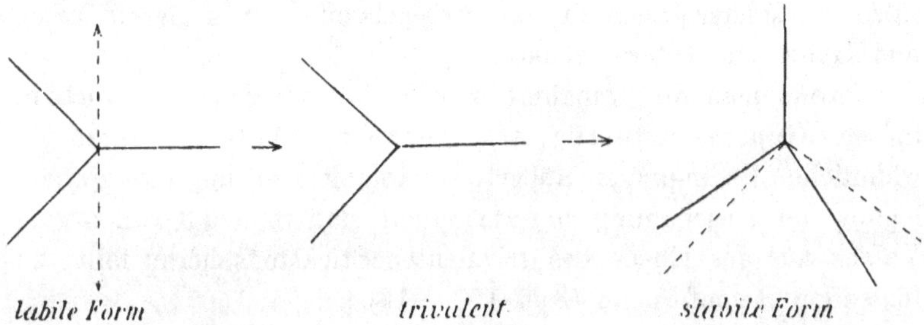

Fig. 13.

Bezüglich der räumlichen Lagerung der Valenzen am pentavalenten Stickstoffatom sei nochmals auf den in der Einleitung bereits erwähnten Vorschlag VAN'T HOFF's aufmerksam gemacht, welcher den Stickstoff in die Mitte eines Würfels verlegt: 3 Ecken bleiben frei, während die Valenzen nach den übrig bleibenden 5 Ecken ausstrahlen (Fig. 14):

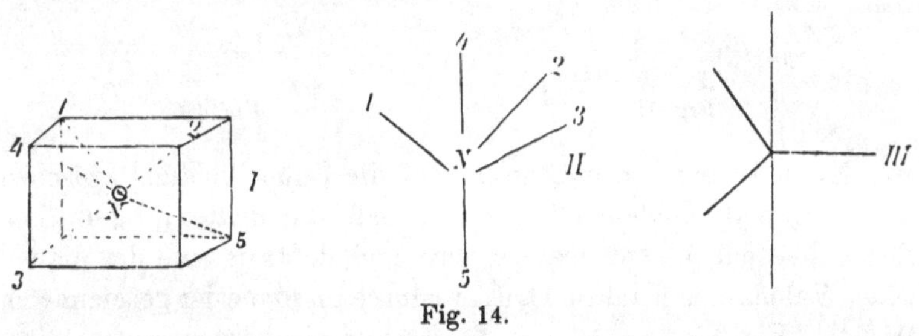

Fig. 14.

Das hiernach aus dem Würfel (Fig. 14 I) resultierende Modell (Fig. 14 II) besitzt große Ähnlichkeit mit demjenigen (Fig. 14 III), welches sich aus dem Doppeltetraëder ableitet: die Linien 4 und 5 stellen die supplementären Valenzen dar, welche auch hier gleichwertig erscheinen. Die gezeichnete Form (Fig. 14 II) hat den Nachteil, daß ihr ein trivalenter Stickstoff zu Grunde liegt, dessen Valenzen nicht in einer Ebene liegen; die labile Form des fünfwertigen Stickstoffs dürfte sich daher besser durch den Doppeltetraëder ausdrücken lassen.

Zum Schluß sei es mir erlaubt, kurz darauf hinzuweisen, daß das BISCHOFF'sche Pyramidenmodell nicht nur ein Hilfsmittel zur Erklärung der räumlichen Verhältnisse organischer Ammoniumsalze ist, sondern auch für die Stereochemie der isomeren Oxime und Hydrazone Interesse hat.

Wenn man die Annahme macht, daß der Stickstoff auch in diesen Körpern fünfwertig ist, aber nur 3 Valenzen unter gewöhnlichen Bedingungen äußert, so kommt man unter Zugrundelegung der Anschauung von HANTZSCH, daß in den Oximen eine Valenz aus der Ebene des trivalenten Stickstoffs herausfällt, zu folgenden Raumformeln (Fig. 15 u. 16).

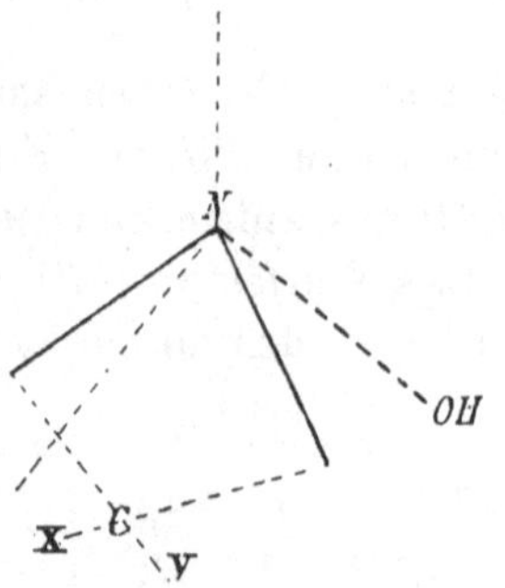

Fig. 15.

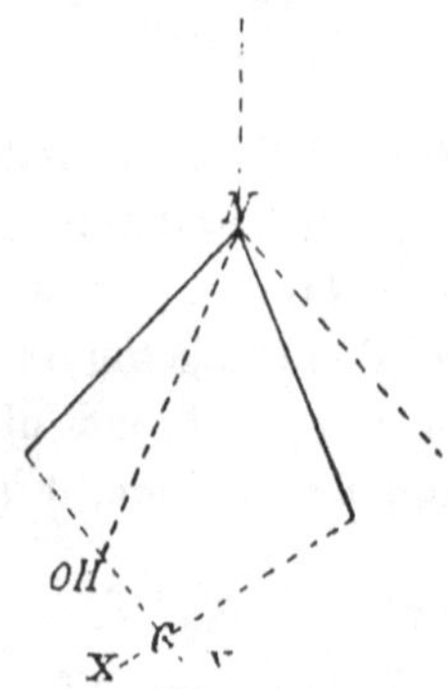

Fig. 16.

Es ließe sich daraus folgern, daß die Doppelbindung zwischen Stickstoff und Kohlenstoff bewirkt, daß die dritte in derselben Ebene liegende Valenz inaktiv wird und dafür je eine der diametralen Valenzen in Funktion tritt, wodurch im Sinne der gezeichneten Modelle (Fig. 15 und 16) die Stereoisomerie hervorgerufen wird.

Diese Auffassung läßt sich sinngemäß auf die stereoisomeren Hydrazone nnd Semicarbazone übertragen; von Interesse ist auch, daß die Hinderung allgemeiner Reaktionen in einigen Fällen mit Hilfe der Pyramide erklärt werden kann, z. B. die Schwierigkeiten, denen die Oxydation des Formazylmethylketons (II) im Vergleich mit anderen Formazylverbindungen[1] (I) begegnet:

---

[1] Vergl. E. WEDEKIND und L. STAUWE: Über die Fernwirkung von Substituenten auf den Ringschluß zu Tetrazoliumbasen. (Ber. d. deutsch. chem. Ges. 31, 1746 ff.)

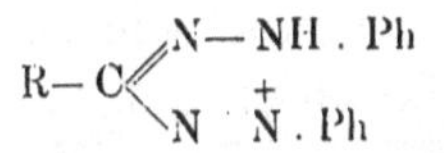 I.

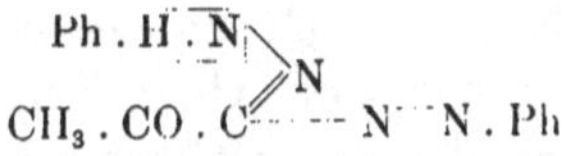 II.

In solchen Formazylkörpern, welche, wie (I), leicht in Tetrazoliumbasen übergeführt werden, ist diejenige diametrale Valenz des doppelt gebundenen Stickstoffs mit der Gruppe NH.Ph besetzt, welche der Azogruppe und somit der Ringschlußstelle benachbart ist, in unbegünstigten Gebilden hingegen, wie in (II), befindet sich das Radikal NH.Ph, vermutlich infolge der Anziehung des Ketonsauerstoffs an der entgegengesetzten Valenz und damit aufserhalb der Ringschlußsphäre.

Die Kohlenstoff-Stickstoffringe, wie Pyrrol, Pyrazol, Glyoxalin, Triazol, Osotriazol, und Tetrazol lassen, sich mit Hilfe von Modellen, welche unter zu Grundelegung der Pyramidenformel gearbeitet sind, zwanglos aufbauen; projiziert man die erhaltenen Gebilde auf eine Ebene, so zeigen die entstandenen Figuren nur dann eine gewisse Symmetrie, wenn die dritte Valenz eines doppelt gebundenen Stickstoffs eine diametrale, d. h. eine außerhalb der Ebene des trivalenten Stickstoffs liegende ist.

Die in dieser Abhandlung geschilderten Thatsachen fordern zu einer weiteren Erforschung der Stereochemie des Stickstoffs, namentlich in der Tetrahydroisochinolin- und Benzylaminreihe auf; das interessante Problem des Verhaltens zweier durch eine Kohlenstoffkette verbundener fünfwertiger Stickstoffatome hat in neuester Zeit Ossian Aschan[1] in Angriff genommen, während W. Marckwald[2] und seine Mitarbeiter Untersuchungen angekündigt haben, welche die Frage entscheiden sollen, ob bei Vorhandensein eines asymmetrischen Kohlenstoffatoms die Entstehung eines asymmetrischen Stickstoffs Stereoisomerie hervorruft oder nicht.

Am Schlusse angelangt, ist es mir ein besonderes Bedürfnis, Alle denen, die mich mit Rat und That bei dieser Arbeit unter-

[1] Berichte d. deutsch. chem. Ges. **32**, 988 ff.

[2] a. a. O. **32**, 564.

stützt haben, auch an dieser Stelle meinen herzlichsten Dank auszusprechen, vor Allem Herrn Prof. C. A. Bischoff, auf dessen Anregung dieselbe unternommen wurde, und Herrn Dr. A. Fock, dessen bereitwilligem Entgegenkommen ich die Fülle der krystallographischen Daten verdanke, ferner den Herrn Prof. Dr. R. Kobert in Rostock, Geheimrat Professor Dr. Ludimar Hermann und Dr. O. Weiss in Königsberg und Dr. M. Centnerswer in Riga.

Berichtigungen.

S. 8 Z. 18 v. o. lies „entdeckt" statt endeckt.
S. 13 Z. 13 v. u. lies „Bildungsgeschwindigkeiten" statt Bildungsgeschwindigkeit.
S. 14 Z. 8 v. u. lies „welchen" statt welcher.
S. 29 Z. 9 v. o. lies „lauwarmem" statt lauwarmen.
S. 29 Z. 16 v. o. zwischen „nach beiden" fehlt „den".
S. 31 Z. 9 v. o. lies „durch den Beweis der Nichtexistenz" statt durch die Nichtexistenz.
S. 38 Z. 13 v. o. lies „warmem" statt warmen.
S. 40 Z. 2 v. u. lies „Untersuchung" statt Unterscheidung.

MIX
Papier | Fördert gute Waldnutzung
FSC® C083411

Zeitfracht Medien GmbH
Ferdinand-Jühlke-Straße 7
99095 Erfurt, Deutschland
produktsicherheit@kolibri360.de